你离成功只隔一道墙

陈美锦/编著

民主与建设出版社
·北京·

图书在版编目（CIP）数据

你离成功只隔一道墙 / 陈美锦编著 . -- 北京：民主与建设出版社，2018.7

ISBN 978-7-5139-2178-7

Ⅰ. ①你… Ⅱ. ①陈… Ⅲ. ①成功心理－通俗读物 Ⅳ. ①B848.4-49

中国版本图书馆CIP数据核字（2018）第120120号

你离成功只隔一道墙

NI LI CHENGGONG ZHIGE YIDAOQIANG

出 版 人　李声笑
编　　著　陈美锦
责任编辑　王　倩
封面设计　颜森设计
出版发行　民主与建设出版社有限责任公司
电　　话　（010）59417747　59419778
社　　址　北京市海淀区西三环中路 10 号望海楼 E 座 7 层
邮　　编　100142
印　　刷　三河市金泰源印务有限公司
版　　次　2018 年 7 月第 1 版
印　　次　2020 年 8 月第 2 次印刷
开　　本　710mm × 1000mm　1/16
印　　张　15
字　　数　220 千字
书　　号　ISBN 978-7-5139-2178-7
定　　价　36.00 元

注：如有印、装质量问题，请与出版社联系。

前 言 ▷▶

所有人都在追求成功，但成功者永远只是极少数。

在未获成功的人群里，有不少人是非常努力的。他们不畏艰辛、吃苦耐劳，到头来却仍然品尝不到成功的滋味。徒劳无功令人沮丧，灰心，有人干脆将失败归咎于命运，认为自己无论多努力，也无法摆脱平庸到底的宿命。这种抱怨无法切中“不成功”的要害，于事无补。

成功与否跟命运无关。如果你的人生不得舒展，并不是被所谓命运扼住了咽喉，而是缺乏某些成功要素，要知道，成功只靠勤奋是远远不够的。在大家普遍缺乏的成功要素中，最常见的，危害最大也最根本的，是心理上的自我束缚。遇到问题，向外找原因，是舍本逐末；只有向内分析自己并做出改变，才是根本的解决之道。

有一点也许超出你的意料——我们需要改变的，往往并不是提高自己，而仅仅是放开自己，将已经具备的能力发挥出来。大部分情况下，你现有的能力足以带领你走向成功，而你要做的，只是将其充分释放而已。

释放自己，挖掘内心，拆除心理上的自我束缚、自我消耗，并以此为基础向外延展，调整自己的言行，改变外部环境。

其实，你离成功并不远，只隔着一道心理之墙。

我们所生存的社会纷繁复杂，会遇到各种各样的难题，如果头痛医头脚痛医脚，你会疲于奔命却收效甚微，什么时候是个头呢？要想扭转这种局面，就需要向内深挖，从根儿上解决问题。这很像中医疗法，表面的病症，需要通过内在经脉的调整，以及元气的培养等，从根本上使一个人健康起来，于是表面化的病症自然消退。

一个人成功与否，也遵循相同的机制。本质性的变化，从里到外发挥作用，这才是根本性的进步。可以说，心的改变，意味着人生的改变。

从心理学视角审视自己，直面不足，发现优势，调整状态，向外拓展，这些心理训练会让你受益良多。

心理学有这么大的作用吗？答案是肯定的，心理学对于成功的助益，是根本性的、全方位的。

首先，要想获得成功，我们需要重新认识自我，选择适合自己的道路。只有认清自己的性格、气质、兴趣、优点、缺点等个人因素，我们才能够知道自己该走什么样的路。只有认清自己，才能明白该设立怎样的目标，以便最大限度地激发自己的潜力，使自己的力量最大化。

其次，在走向成功的道路上，我们会遇到各种各样的挫折，甚至会陷入困境，很多不良情绪会不期而至。这个时候，我们需要了解如何保持积极乐观，如何消除不良情绪。只有拔除心灵的毒草，才能保持心理健康，不断前进。

另外，我们生活在社会中，不可能脱离他人而独自成功。任何人都必须与人交往、沟通，一方面要支持和帮助他人，另一方面也获得他人的支持和帮助——既包括精神上的，也包括功利上的。只有这样，才能滋养内心，并获取外援，使自己不再是孤军奋战，使成功不再艰苦和渺茫。为了实现这一点，一个人应该学会交往，把握交往中的各种心理反应，以便恰当运用。

所谓成功，就是尽可能地发挥自己的潜能，实现人生价值，获得精神上的满足。无论身体上的潜能还是心理上的潜能，都需要运用心理学原理激发；人生价值的实现，源于对自我价值的评估，也离不开心理学；精神上的满足则更是心理上的感受。成功，无论怎样，都绕不开心理学。

本书的意义正是解决这个绕不开的问题。编著者追踪成功的每一个环节，分别阐述其中的心理学原理，介绍必要的心理学知识，并通过生动的案例给读者以切身的体验。如果你总觉得成功遥遥无期，那么，反思一下，你的成功拼图中，是不是缺少了心理学这必要的一块呢？你离成功，是否只隔着一道心理之墙呢？如果是，请认真阅读本书。

目 录 ▷▶

| 第一章 |

现在，发现你的优势

——成功从认清自我开始

最难认识的是自己

在希腊的福基斯市，有一座帕耳纳索斯山，山脚下有一座著名的神庙，叫德尔菲神庙。神庙建于公元前 9 世纪，传说是太阳神阿波罗为自己建造的，建成后，古希腊各位神灵都在这里向凡人传达神谕。有史料记载的神谕约有六百条，其中最著名的有两句，刻在庙墙上，一句是："认识你自己！"另一句是："凡事勿过度。"

古希腊的苏格拉底将"认识你自己"作为自己哲学的宣言，引领了柏拉图、亚里士多德等人，对西方文明的奠基起了很大作用。

"认识你自己"含义很深，大致可以理解为：我们的外部世界纷繁复杂、变化多端，如果我们总是盯着外界、根据外界认识自己和调整自己，我们会疲于奔命却收效甚微；不如向内认识自己，确立自己，以不变应万变。

认识自己，才能准确地实现自己——包括精神层面的，比如心灵的安宁；也包括世俗层面上的，比如财富和成功。

就世俗追求而言，一个人要想在事业、生活等方面取得成功，首先要做的就是反思自己，正确地认识自己，学会自我审视。自我审视有助于了解自己的心态，还能帮助人们清醒客观地判断自己的实际能力。它是一种积极性的自我超越，让人们可以不断地改正自己的缺点，发挥自己的优势。只有懂得自我审视，人们才能够完全地释放内心的力量。

有这样一个小故事：

一个小牧童经常带着自己家的马群到附近的一个草场放牧，但是因为年龄小，他每次都和一个年龄稍长的牧童一起，让人家帮助他看管马群。有一次，那个年长的牧童生病了，小牧童便自告奋勇地一个人看管两群马。这天天气很好，马群也非常温顺，傍晚的时候，小牧童骑着马回家，一边走一边点数。糟了！少了一匹马！他赶紧又点了一遍，还是少。小牧童慌了，他连忙把马群送回家，自己又骑着马到草场寻找，找得满头大汗，却一无所获。最后，小牧童只能放弃了。晚饭之后，小牧童失落地站在马厩旁边，又点了一遍数。这时候，小牧童惊奇地发现，居然一匹也不少，然后，小牧童看看马厩旁边的马鞍，摸着头笑了。

显然，小牧童在回家路上点数的时候，忘了数自己骑的那匹马。这个简单的故事蕴含着一个深刻的道理，那就是我们常常能够看清楚自己面前的种种人和事，却唯独看不到自己。

最难认识的是自己，这不仅是一个思维案例，也是一个经典的心理学案例。为什么人最难认识自己呢？从思维的角度讲，人们的眼光总是聚焦在自己之外的事情上，很难全方位看到自己，所以最难认识自己。从心理学角度讲，人们看自己的时候，总是会过于主观，容易附带情绪，有时候会自恋自负，有时候又会自卑自弃，总之，很难理性而客观，所以，对自己的认识总是不够全面和准确。

哲学家亚里士多德曾经说过：“一个人想要了解自己，这不但是世界上最困难的事情，也是世界上最残酷的事情。”某种意义上来说，一个人最难认识的是自己，因为人们在认识自己的时候都不能做到客观。但是，要想发挥自己的能力，要想超越自我，我们就必须做好这件难做的事情，正确客观地认识自己。

一个人若是敢于直视自己的不足之处，那么他已经迈出了超越自己的第一步，这也是最为关键的一步。因为在审视自己的过程中，敢于面对自己的弱点，才能够改善这些弱点；敢于正确地看待自己的不良情绪，才能够想办法消除这些情绪。

要想正确地认识自我，首先要了解自己的心理、感觉、目标、动机、喜好、恐惧等很多方面。除此之外，还要了解自己与他人的关系，甚至要了解自己与这个世界之间的关系，最终还要了解自己外在肉体与内在思想之间的关系。所以，从别人的眼中了解自己、观察自己、反思自己，是正确认识自己的一个最有效的途径。

确实，意识到自己是什么样的人，比思考自己曾经做过什么重要得多。如果自己正在走的道路并不符合自己的个性，就应该做出改变。现代人都容易犯这样一个错误，就是将原本错误的东西加以伪装，使它看起来像是正确的东西，用以欺骗自己的内心。有些人为了实现自己追求的目标放弃了很多东西，比如自尊、体面等。可以说，在放弃这些的时候，他们就已经违背了自己的内心，逐渐地陷入了迷失之中。虽然这些事情经过掩盖和伪装旁人并看不出端倪，但长此以往下去，这种错误的行为会对一个人的思想形成很大的负面影响。

能够客观认清自我的人就像是水一样，可以流进所有适合的容器中去。因为他们清楚自己的目标，也清楚自己的优势和缺点，所以他们总是会最大化地释放自己的能量，不需要浪费一点精力在其他方面。

自我认识的过程同时也是一个自我完善的过程，不但要客观地分析出自己的优势，还要挖掘出内心深处不敢直视的弱点，从而改正自己的缺点，发挥自己的优势，从而超越自我。要想正确认识自我，首先要思考，能够做什么，想要做什么。

要想解决自己究竟能做什么这个问题，就要清楚，自己都拥有什么？比如说知识、技能、特长、爱好等。除此之外，还要知道，自己曾经做过些什么等。当了解了自己的知识、技能、爱好之后，就应该开始观察自己最擅长的事情是什么。一般而言，当人们做自己擅长做的事情时，会感觉到十分轻松愉快。所以在自我审视时要经常询问自己，我最擅长做什么事情？哪些事情是我能够做到的？哪些事情我曾经成功过？通过这样的询问，很容易就可以发现自身的优势、缺点、擅长领域等。同时，这样的询问还可以让我们渐渐地变得自信，积累很多正面的能量，这些能量都有助于提升自己。

除了要清楚自己的优势，我们还需要发现自己性格和心理上的弱点，比如犹豫、优柔寡断、怯懦、自卑等。我们在自我认识的过程中，不单单要发现自己的不足之处，还要学会正视自己的不足，然后尽量减少这些不足之处对自己心理产生的负面影响。

现代社会的竞争非常激烈，随波逐流会让我们离成功越来越远，只有认清自己，坚定信念，我们才能够真正做自己，最终成功地超越自我，成为一名成功者。

直视本心，走出迷茫

随着生活节奏的加快，现代社会过于喧嚣，人们的心中也都充满了浮躁。很多人内心一片迷茫，不知道自己想要做什么，不知道自己能做什么。这种心理上的迷茫往往使他们的个人发展停滞不前，时间久了，他们就会迷失自我。

确实，有很多人觉得每天都有做不完的事，每天都忙忙碌碌，仿佛事情永远都做不完一样。这种心理状态下，他们对任何事都已经渐渐地失去了兴趣，整天有气无力，麻木而机械地生活着。

小刘是一家物流公司的零件保管员。整天面对的只有那些冷冰冰的货物和票据，可以说生活乏味至极。虽然他也曾想过要放弃这份枯燥的工作，但迫于生活的压力，他还是在这里连续做了几年。直到前一段时

间，他所在的部门换了一个新的上司。由于小刘这些年来一直兢兢业业，表现也非常出众，所以新上司决定，如果小刘能够通过企业内部的测试，就将他提拔成区域管理员。

小刘也知道，他人生的转折点到了，他一定要珍惜这次机会，好好表现。但这种高昂的斗志仅仅维持了一周左右的时间，小刘就坚持不下去了。

这件事只是小刘工作状态的缩影，除此之外，他经常会感到不知所措，而且变得疲倦、厌烦，越来越浮躁。小刘开始迷茫，甚至想要逃开现有的环境，跑到一个全新的环境中去生活。但是，这些想法都是一闪而过，他仍旧原地踏步。

在现实生活中，有很多人都像小刘一样，经常陷入一个“迷茫状态”中，这种迷茫心理持续一段时间，人们就会产生出逃避的想法。这种迷茫心理的源头正是因为不能正确认清自己导致的。

之所以无法认清自己，有两个重要的原因。其一是有的人总是觉得自己太忙，生活负担太重，想要让自己赚得更多，就必须埋头苦干，长此以往下去，他们就会感到疲惫、迷茫；其二是有的人觉得，自己每天都无所事事，他不知道自己该做些什么，每天最痛苦的就是要想各种办法来打发无聊的时间。这两种状态是人们的两种极端，也是人们普遍存在的一种错觉，在这种生活状态下时间久了，人们就会产生一股无法把握自己命运的无力感，对自己的未来感到迷茫和彷徨，最后渐渐地开始不相信自己，彻底地迷失在人生的道路上。

这种迷茫心理非常有害。要知道，只有充满活力的内心才能给成功提供充足的动力，麻木迷茫的内心只会让人僵硬，渐渐远离成功。

迷茫的人的内心是麻木而机械的，没有活力，也就没有前进的信念和力量。因此，我们必须认清楚自己，清楚自己所处的环境和自身的条件，只有这样，才能走出迷茫，走向成功。确实，人生在世，最重要的不是看清楚别人是怎样的人，而是要认清自己，知道自己要做什么，该做什么。

要想清晰地认识自己，成功挣脱迷茫的束缚，我们要做的就是直面自己的内心。认清人生方向主要可以通过两种途径，即直接和间接的方式。

直接的认识自己的方式就是主动深入地分析自己，对自己有一个客观的认识，进而知道自己该做什么。比如说你根据自己的成绩单，比较一下自己在各个领域取得的成就，看自己究竟适合成为一个什么样的人。如果说你发现自己很有文学才能，而现在却在做既不擅长又不喜欢的销售工作，那就要主动寻求改变。当你通过对自己的重新认识，客观评价自己并做出改变之后，你会发现，自己到了新的位置之后，内心会充满力量，会有一种喜悦感。毫无疑问，这样的积极健康的心理状态对你的工作和生活大有裨益。

间接的认识自己的方式是通过与别人的横向比较来认识自己。“不识庐山真面目，只缘身在此山中。”这是一种有趣的心理现象，我们离自己最近，却最难客观为自己定位，所以，我们在认识自我的时候要避免两个误区。第一个误区是盲目相信自己，认为自己无所不能。这样的人听不进任何劝告，刚愎自用，自我膨胀感十足；第二个误区是认为自己不行，无论做什么都做不好，对任何事情都怀有一种自卑和怯懦感。我们要做的就是通过各种渠道来了解自己的缺点和优点，并且直视自己的这些特点。当然，这些优缺点并不是自己提出的，因为这样会掺杂进很多主观的情绪和想法。因此要想真正客观地认识自己，就必须听取来自不同人的看法和意见。

除了上述提到的两种方法之外，还有一种相对比较简单的办法，就是与自己的心灵交谈。与心灵交谈是一种境界上的升华，这种境界升华能够让自己在一个轻松的心情环境中听从内心的指引。我们要深入地分析自己究竟是怎样的人，自己究竟想要的是什么。在做这些的同时，请一定要将工作以及生活中的那些琐碎事情全部抛诸脑后。这样，我们才能够静下心来客观地判断自己。也只有这样，我们才能够认清自己、摆脱迷茫。

可以说，每个人都在穷尽一生地寻找自己的人生方向和适合自己的奋斗方向。但能够成功达成目标的都是些所谓的“天才”。其实，天才和常人的区别

并不在所谓的才智上，而在“天才”们及时地明确了自己的人生方向，及早地摆正了自己的心态。换句话说，这些所谓的“天才”，只是更早地走在了正确的路上。正因为如此，这些人才能够从茫然的心态中解脱出来，让内心的巨大力量成为自己的推动力。

世界首富比尔·盖茨先生在接受记者采访时透露出了他成功的秘诀，他说：“我清楚自己想要的是什么，我每天也都在为这个目标而努力着。一个人想要成功，首先就要了解自己，然后掌控住自己，然后才能制订出正确的人生规划。所以我对人们的建议是，先寻找自己的方向，再去寻找合作伙伴，然后再实现自己的理想。”

所以说，只有一个人真正清晰地看清自己，意识到了自己是什么样的人，他才能够实现自身的蜕变，实现思想的蜕变。而蜕变成功后，他才会摆脱迷茫，更加有力。

你到底对什么感兴趣

特曼博士是斯坦福大学的一名心理学教授，1921年的时候，他着手进行一项“终生跟踪”的研究，这是一项对天才人物的跟踪调查。由于这项研究是一项长期研究，因此，特曼并没有做完，他退休后，罗伯特和博林博士夫妇接手，最终，他俩完成了研究。他们共跟踪了1470名天才儿童的一生，分析他们取得成功的原因。结果显示，超常的智力并不能保证一个人取得超常成就，很多人之所以有巨大的成就，是因为他们选择了从事自己感兴趣的事情，选择了自己的优势来发展。

为什么会这样呢？这是因为人们在做自己感兴趣的事情的时候，更容易集中精力，更有动力，能够轻易地发挥自己的潜能。

遗憾的是，现实中很多人并不在意这一点，他们仍旧按照普遍的价值观念来选择所谓的好工作。什么是大众观念中的好工作呢？每一年，都会有许多关于高校热门专业与冷门专业的排名，每一个时期都会有这个时期公认的最有前途、最赚钱的职业。在现代社会，法律、医学这些职业被认为是高尚、体面、热门的职业，父母希望自己的孩子可以从事这样的职业，从而有稳定而丰裕的生活；年轻人希望自己可以从事这样的职业，这样以后的人生就有了可靠的依托，从而生活丰裕衣食无忧。然而，看上去高尚、体面、热门的职业的工作适合你吗？你喜欢吗？如果不喜欢，能够保证一直努力工作，一直全力以赴吗？

生活中，做自己所讨厌的工作的人随处可见。他们整天从事着与自己的兴趣不相符的工作，每天无精打采，像一个个机械人一样，这样的工作状态，怎能激发潜能并取得成就呢？兴趣是最好的老师，从事不喜欢的工作，我们会失去动力与热情，从而消极怠工，达不到一个好的目标。

我们要认识到，工作是人生中不可或缺的一部分，是我们人生价值的体现方式，更重要的在于它是心灵的营养。因此，我们要忠于自己的内心，做自己想做的事情，只有这样，才能够更有动力，内心才会更加富足。

梭罗是美国著名的作家、哲学家。他离开大学以后，曾和他的哥哥一同在一所私立学校里教书，在很多人看来，教师是一份稳定而体面的工作。但是梭罗不这么认为，他很快就辞职了。

辞职之后，梭罗对于铅笔研制产生了兴趣，他想要制造出一种更好用的铅笔。经过一段时间的努力，他的研究取得了成果。他将自己做成的样品拿到一个展览会上展览，得到了专业人士的认可，获得了专利证书。这时候，很多朋友都觉得梭罗找到了致富的门路，只要他将这个铅笔投入生产，就可以获得可观的财富。

但是，梭罗的选择又一次让大家跌破眼镜。他没有利用自己研制的铅笔获利，而是悄悄地隐退了。后来大家才知道，梭罗去了瓦尔登湖，他在湖畔造了一个小木屋，开垦了一片荒地。然后，他过上了隐居的生活，一个人看书，一个人思考，一个人创作。

44岁的时候，梭罗溘然离世，终其一生，他的作品都没有发表。他没有获得任何一家出版商的青睐。后来，梭罗博物馆曾经在互联网上做过这样一个测试，题目是：你认为亨利·戴维·梭罗的一生糟糕吗？当时，共有20个不同国家、民族的近47万人参加了测试，结果，绝大多数的人认为，梭罗的一生是美好的，一点也不糟糕。

为什么一个穷困潦倒的人的一生倒不是糟糕的？一位测试参与者这样说：“别说梭罗的生活，即便是梵·高的生活，也比我现在的生活更加有意义，因为他们没有违背上天的意思，没有违背自己的内心，他们按照自己的意愿生活，活在自己的世界里。而我，则是按照别人的意愿生活，我没有活出真正的自己，我觉得我只是在年复一年地忙碌而已。”这说明一个人选择什么样的职业，过什么样的生活，主要是根据自己的内心进行选择，只有自己喜欢的，符合自己的兴趣爱好，才会有意义。

许多人在自己不喜欢的职业上浑浑噩噩地混日子，没有进取心，没有动力，从而离生活的目标越来越远，一事无成；还有许多人在年老之时回顾自己的人生，并没有抱怨自己事业无成，而是抱怨自己没有做自己想做的事情。那么，在现在还能挽回的时候，就要认清自己的方向，不要再在自己不适合的位置上浪费精力，把你的热情投注到感兴趣的事情上面吧，这样会让你得到更多。

相信自己是优秀的，你才会变得优秀

杜根曾担任美国橄榄球联合会主席，他曾经这样说过：“强者不一定能够成为胜利者，但是胜利一定会属于有信心的人。”这就是心理学上的“杜根定律”。杜根定律说出了自信对于成功的重要性，要想变得优秀，获得成功，首先要相信自己是优秀的，相信自己能够取得大的成就。

很多人在做某些事情之前都是说：“这不太好吧？我哪有这个能力啊？”这类话就是一种典型的缺乏信心的表现。从心理学角度来说，这其实就是一种消极的自我暗示，在潜意识中暗示自己没有能力去把事情做好。这样的心理暗示非常不利于发挥自己的能力，我们一定要相信自己是优秀的，是强大的，相信自己，才能做得更好。

古龙的武侠小说《七种武器》中道出了很多人生哲理，这七种武器中每一种都有其象征，其中孔雀翎象征的就是自信。书中说到孔雀山庄秋凤梧有一个生死之交名叫高立，也曾是江湖上的绝顶高手，但是数年之前他选择了隐退。然而他的仇家麻锋前来寻仇，要和他一决生死。过惯了幸福生活的高立，很久没有与人争斗了，因此认为自己没有办法取胜。无奈之下，高立找到昔日好友秋凤梧，借到了孔雀翎，从而信心倍增，打败了麻锋。不过，高立的孔雀翎是假的，真的孔雀翎早就丢了。当他再次找到秋凤梧的时候，两人发生了下面一段对话：

秋凤梧道：“你杀麻锋的时候，并没有用孔雀翎。”高立道：“那时孔雀翎已不在我身上了。”秋凤梧道：“我早就知道你不用孔雀翎，一样可以杀得了他。”高立道：“你早就知道。”

秋凤梧点点头，道：“我很了解你的武功，也很了解你。”高立承认。他不能不承认。秋凤梧道：“以你的武功，江湖中已很少有人是你对手，可是你自己却缺乏信心，所以……”高立道：“所以你才将那个假的孔雀翎借给了我。”秋凤梧道：“不错。”高立道：“所以你才再三叮咛我，不到万不得已时，绝不要用它。”秋凤梧道：“我早就知道你根本用不着它。”

他表情又严肃起来，接着道：“孔雀翎并不是种武器，而是一种力量。”高立道：“我听你说过。”秋凤梧道：“你虽然不必用它，但它却可以带给你信心。”高立当然也不能不承认。

秋凤梧道：“只要你有了信心，麻锋就绝不是你的敌手。”他忽然改变话题，又道：“只要孔雀翎存在一天，江湖中就没有人敢来轻犯山庄，这道理也是一样。”

自信能够让一个人将自己的能力发挥得淋漓尽致，能够让一个人变得更加优秀，更有光彩。很多事情我们之所以没有做好，并不在于这些事情有多么难，而在于我们没有信心做好。

美国的哈佛大学学生曾做过一个心理调查，结果发现，一个人胜任一件事，有 85% 取决于他的态度，只有 15% 取决于他的智力。如果一个人自信，事情极有可能会办好。所以一个人成败的关键在于他是否自信。

事实上，我们没理由不相信自己。人的潜力是无限的，表现出来的能力只是自己真正实力的一部分，很多人评价自己的时候都会按照表现出来的能力评价自己，这就低估了自身的能力。因此，我们应该自信起来，相信自己的潜能是无限的，敢于去迎接挑战。

卡耐基在发迹之前默默无闻，在美国宾夕法尼亚州的一家普通工厂打工。尽管卡耐基非常努力，能力也高于普通工人，不过由于工厂中上层管理并不缺乏人才，卡耐基没有很好的升职机会。但是他并不气馁，他坚持相信自己一定能够一鸣惊人。

一天，卡耐基像往常一样进入车间，却发现车间里一片混乱，工人们都围在一起议论纷纷。卡耐基一问才知道，原来是调车场的线路出了问题，不能正常工作，上司没有上班，工人们也不敢乱动。卡耐基知道这并不是很复杂的问题，经过调试就可以解决。但是，越过车间总管调试线路，公司以往从没有先例，有几个经验丰富的技工也知道问题的解决办法，但是都不敢尝试。

卡耐基经过观察之后，决定带领大家对线路进行检修，他告诉大家，出了问题，他一人负责，并且用上司的名字在命令书上签了字。问题很快就解决了，上司来到车间的时候，一切运行正常。这件事很快传到了公司总裁那里，总裁马上将卡耐基调到总部并委以重任。

卡耐基没有像其他的工人那样因为害怕惹麻烦而默不作声，没有害怕自己做不好，他在关键时候敢于出手，让别人见识了自己的自信和能力，从而一飞冲天。

自信是激发我们心理力量的有效法宝。有了自信，我们的才能和力量就可以取之不尽，用之不竭；一个没有自信的人，即使很有才能，也难以完全施展；一个自信的人，即使能力有限，敢作敢为的品质也会让他们慢慢提升。所以说，要想让自己变得更好，走得更远，自信是必不可少的一种心理因素。相信自己吧，相信，才有可能。

“我，能行吗”

在生活中，有很多人做事的时候没有信心，当领导给他们分配重要工作任务的时候，他们担心自己完不成，当人多的场合发言的时候，他们就会感到呼吸急促、无话可说。之所以会出现这种情况，是由一种“自我否定”的心理造成的。这种自我否定的心理会影响到我们的学习、工作，乃至生活。由于这些人总是小看自己、否定自己，所以即使将机会摆在他们的面前，他们也会犹豫地问自己：“我，能行吗？”或者是说：“我做不到吧！”最终，他们就会失去机会。

从本质上讲，自我否定的心理源自于不能清晰认识自己。如果一个人能够客观全面地认识自己，明白自己的优缺点，也就不会时时处处觉得紧张，害怕自己能力不足。大多数时候，“自我否定”的心理是没有必要的，每个人都有自己的不足之处，也都有着属于自己的优点。我们在遇到事情时，要学会自我肯定，为自己加油，相信自己的能力。

很多时候，事情本身并没有那么难，只是人们低估了自己的能力，又在自己的思想中将事情的难度无限放大了而已。随着逐渐地自我肯定，我们会发现这些原本非常“困难”的事会变得简单。所以说，要想做成一件事，首先要做的是以肯定的眼光看待自己，给自己以信心和勇气，才能让自己最终取得成功。

相信读过三国的人都会记得里面著名的官渡之战，这次战役是典型的以少胜多的战役。兵力差距巨大的情况下，曹操是怎样做的呢？

建安五年（200年），司隶校尉袁绍因不满曹操得宠而集结十万大军征讨曹操，很多官员都陷入一片恐慌之中，但是曹操不为所动。

当时曹操只有一部分家族禁卫军和收编的一部分青州军，加起来不足一万五千人。各路诸侯也纷纷希望能够像曹操一样“奉天子以令不臣”，所以都在观望，希望曹操兵败后能分一杯羹。

曹操家族的一些人都劝说曹操，这场战役实力相差太悬殊了，现在不如放弃许都，带家眷和亲信先逃走，暂避袁绍锋芒。而曹操本人却完全不为所动，曹操说：“一个合格的统帅，即使给他几千兵马一样能够在战役中取得胜利；而一个失败的统帅，就算聚集百万大军，也只不过是群乌合之众而已。”在战役开始阶段，曹操首先将自己的兵力分开，一部分去阻挡其他诸侯的骚扰，另一部分用来抗击袁绍的军队。战役持续了整整两年，曹操终于把握住机会，一举焚烧了袁绍的粮草，取得了战争的胜利。

曹操为什么敢于和力量数倍于自己的敌人对抗？那就是他没有被表面现象迷惑，能够客观地认识自己的能力，知道自己是一个杰出的统帅，能够取得战争的胜利。正是这种自我肯定的积极心理，才使他能坚定不移地对抗敌军，并最终取得胜利。试想，如果曹操在听说袁绍集结十万大军来征讨他时，也像其他大臣一样只想着对方的优势而仓皇逃命的话，那么他又怎能击败袁绍统一北方呢？我们再来反观袁绍，袁绍为何要集结十万大军来征讨曹操？归根结底就是因为他惧怕曹操，他害怕曹操的才智比他高，害怕自己不如曹操，所以他只能靠数量来为自己壮胆。但到最后还是应了曹操的那句话，一个合格的统帅，即使兵马少也能够取胜，而一个不合格的统帅，即使给他百万雄师，也不过是一群乌合之众而已。

事实上，每个人都有自己的长处，无论面临多么艰苦的逆境都不要小觑自己的能力。因为如果连你自己都小看自己，那么他人一定会认为你是没有能力的，长此以往，你在他人眼中的存在感会越来越低，机会也会渐渐地离你远去。有这样一个猫捉老鼠的小故事，很能说明自我否定的坏处。

有一只老鼠，总是偷油喝，有一天它在偷油时不小心吵醒了正在午睡的猫。猫非常愤怒，一直把老鼠追到了一个偏僻的洞中去，并且自己就在洞外守着。老鼠此时心想，我出去就会被猫捉住，而在这个洞里一直躲着就会饿死。于是老鼠就开始琢磨，如何才能在猫爪下逃生。而反观猫这头，一看到老鼠躲进洞里了，气得在洞边直跳脚，不断揪着自己的胡子骂自己疏忽，最后折腾得自己非常疲劳，就缓缓地在洞口睡着了。老鼠一见大喜，

一溜烟儿地从猫身边逃走了。等猫发现时，老鼠已经跑远了。

这只没逮住老鼠的猫自责地直跺脚，一直骂自己蠢。而从那天开始，这只猫就再也没抓过一只老鼠。

猫之所以会失去自己捉老鼠的本领，是因为它在潜意识中已经否定了自己，开始退缩。其实在现实生活中，有很多人也像这只猫一样，在某个地方跌倒之后，否定自己，认为自己不行，最后完全丧失了自信。其实，如果仔细想一下就会清楚，这样的自我否定其实是完全没有意义的，谋事在人，成事在天，失败并不完全意味着我们没有能力。

每个人的心中都希望自己得到他人的肯定，但如果一个人总是小看自己，连自己都不能肯定自己，又怎能得到他人的肯定呢？不管别人怎么看你，你自己千万不能小看自己，只有懂得自我肯定的人才不会在关键的时刻退缩，才不会因为一时的失意就否定自己。

认识自己不仅是一个客观审视的过程，更是一个让自己变得更好的契机。我们要学会运用心理暗示的作用，以积极的眼光认识自己，学会自我肯定，让自己充满信心，勇于面对挑战。

理性看待自己的优势和劣势

从心理学角度看，认识自己是一个对环境条件和自我的认识过程。对于自身所处的环境条件和自我认识得是否清晰，直接关系到一个人的成长和发展。客观认识自我，看清自己的内心，是一个人迈向成功的第一个重要步骤。

自我认识的一个重要方面就是认识自己的优势和劣势，理性看待自己的优势和劣势。

善于总结自己、剖析自己的人都非常明智，他们能够清楚地看到自己哪里不足，知道自己应该学习他人的哪些经验。正是由于能够正确认识自己的优缺点，他们无论在什么情况下，都能够保持心理平衡。他们能够正确认识自己的优点，因此知道自己依仗的是什么；他们敢于直视自己的缺点，不会因为自己的缺点而懊恼和压抑，他们也不会因为遇到难题而抱怨、退缩。这样的人走在通向成功的正确的道路上。反观那些不能正确认识自己优缺点的人，他们认识不到自己的优势，因而不知道自己该怎样发挥自己的潜力；他们不敢面对缺点，没有勇气去承认自己的错误，所以无法进步，只会在一个地方原地打转，最终沦为一个懦弱的人。

事实上，不仅是人类，在动物世界中，每种动物都非常清楚自己的优势在哪里。比如说羚羊，它们宁可吃荒野中的荒草，也不会进入雨林中去吃多汁的植物果实。因为它们清楚，自己的优势在于速度，一旦进了树林中，那它们在受到攻击时就会来不及逃窜，最终命丧敌手。与这些“智力低下”的动物相比，人类在认识自己的方面做得并不好。

在现实生活中，每个人都有自己的优势，也有不足之处，这是非常正常的事情。但人们总是希望能够改变自己的劣势，所以有很多人总是把视角放在自己的缺点上面，斤斤计较。为了能弥补自己的短处，人们花费了大量的时间、精力和金钱，但结果无疑是令人十分不满的。更有甚者，在弥补自身缺点的过程中，自己本来已经有的那些优势也都变得荡然无存了。其实一个人要想自己变得更优秀一些，并不是拼命地掩盖自己的缺点，而是要学会扬长避短，只有这样我们才能发挥出自己的优势。

我们不要过分拘泥自己的劣势，要学会发挥自己的优势。同样是花费大量的时间和精力，不断地想办法去弥补自己的劣势只能让你看到你更多的缺点，你的心气也就逐渐减弱；而如果我们将时间用在发挥自己的优势上，我们就会发现，学会利用自己的优势做起事情来意外地顺畅，积极的心态也会逐渐地增强。

“扬长避短”，也就是说，当你自身的优势发挥到极致时，人们就会自动地忽略你的缺点。一位心理学家曾经说过，判断一个人成功与否，主要是看他是否能够将自己的优势发挥到极致。一般来说，当一个人将自己的优势发挥至极点时，就会自动地忽略自己的劣势，从而达到取长补短的目的。

我们可以看一看世界上的知名成功者，他们几乎都懂得最大化利用自己的优势。比如说，世界首富比尔·盖茨，他其实只会研究软件。但他懂得充分利用自己的优势，最终他创造了一个全球最大的软件品牌——微软。我们再来看看传说中的“股神”巴菲特，他也善于发挥自己的优势。

巴菲特出生于美国内布拉斯加州的奥马哈市。在很小的时候，巴菲特的投资意识已经非常强了。他对于股票和数字的热爱度远远超过了家族中的其他人。可以说，巴菲特满脑子都是挣钱的想法。

五岁那年，年幼的巴菲特跑到自己的家门口支起了一个小小的地摊，靠兜售口香糖赚零花钱。而稍微成长了些之后，巴菲特就跑到高尔夫球场，捡废旧的高尔夫球杆倒卖了赚钱。在上中学时，巴菲特除利用课余时间做报童外，还与人合伙买了一台游戏机。他们将游戏机租给理发店，给等待理发的人玩。十一岁时，巴菲特已经开始购买股票。

很快，巴菲特发现，他在投资和理财方面很有天赋，他决定发展自己这方面的优势。于是，巴菲特利用课余的时间阅读关于投资方面的书籍，增强自己的投资知识。

后来巴菲特进了宾夕法尼亚大学，学习财务和商业管理知识。后来还拜了当年的投资理论家本杰明·格雷厄姆门下学习投资和股票知识。

毕业后，巴菲特将自己的精力全都用在了美国的股市中。他用心地分析当前股市的行情，然后在股票下跌时大量买进那些他认为有些潜力的股票。几经周转，到1967年，巴菲特已经掌握了6500万元的巨额资产，被人们称为“股神”。

由于巴菲特清楚自己的优势，并且能够将它发挥至极致，所以他成了全世界最会炒股的人。如果把巴菲特和比尔·盖茨对调过来，让巴菲特去做软件，而比尔·盖茨去做股票投资的话，可能二人并不会取得多大成功，甚至还有可能赔光自己的资产。在现实生活中，有很多人都是这样，在自己不擅长的领域费尽心力。结果呢？他的优势全都被束缚了，相应的，他的缺点也会暴露无遗。

我们要清楚这样一个道理，人都是有缺点和不足的，甚至有些缺陷是人类自身始终都无法弥补的，过多地在意这些只能让我们变得消极，只会浪费我们的心理。我们要做的就是扬长避短，最大化地发挥自己的优势。因为只有这样，才能够令他人只看到我们的优点而忽略我们自身的缺陷。也只有将自身优势发挥到极致，我们才能稳固和发展。

接纳不完美的自己

所谓完美主义，是指一种近乎病态的心理。具有这种心理的人凡事都会追求尽善尽美，一旦事情的结果或是自己本身出现了某种瑕疵，这类人就会变得有些歇斯底里。所以说一般凡事都苛求完美的人多少都会有一些偏执。

每个人都希望自己是完美的，无论是样貌、性格、智商还是自己的家世和命运。这可以说是每个正常人都曾经有过的梦想。但这个美丽的梦想是永远都不可能成为真实的，因为世界上本来就没有完美的东西，也没有完美的人。

世界上有很多事情可以改变，但有些事情是人力所无法左右的。对于一个人来说，身体上的缺陷就是靠人力无法左右的事情。所以说，如何看待自身的“不完美”，就成了一个比较重要的问题。因为一个人如果不能够正视自己的缺点，不能够接纳这些缺点，他就会因为这些缺陷变得消沉而悲观，进而止步不前。

所以，我们只有学会接纳不完美的自己，才能客观地认识自己，走正确的路。一个人只有懂得接纳自己的种种不完美，他才能够时刻保持平静，他才能够以一个“平等”的心态去欣赏别人。也只有这样，自信、积极等正面情绪才能慢慢凝聚到他的体内，让他的内心更加健康、阳光。

要想接纳不完美的自己，我们必须要清楚这样一个概念：没有人是完美的，完美只是人们自己内心深处的一个美好愿望而已。一旦人们清楚了这样的概念就会明白，天生的缺陷是无法更改的，所以所谓的完美也无法实现。既然这种完美无法实现，人们就只能正视自身的缺陷，甚至要将自身的这种缺陷当作自己前进的动力。人们如果产生了这样的想法，那么缺陷也就有了价值。

那么，我们要如何接纳不完美的自己呢？可以说，正视自己的缺点，而且还要接纳，这并不是一件容易的事情。我们首先要明白这样一个道理，就是虽然自己在某些方面会逊色于别人，但是在另一些方面，也许只有自己能做。一旦明白了这个道理，接纳缺陷就变得容易很多了。

从前，在一个小村庄里住着两个姑娘。这两个姑娘都不漂亮，她们其中一个头发像枯草一样，眼睛很小，嘴巴比较大；另一个皮肤很黑，身材也不好。

论相貌，这两位姑娘都存在缺陷，但是村民们对两人的评价却相差甚远。提到头发像枯草一样的那个女孩，村民们赞不绝口。村民们总是会送给丑姑娘各种各样的衣物，甚至是钱财。

但黑皮肤的那个姑娘却始终受人轻视。村民们在一起聊天的时候，看到她来了，就会找借口躲开。有时候村里办什么喜事，也不会邀请她参加。

有一次，一个外地来的客人觉得这个现象非常怪异，于是开口向村民们询问。经过一番打听，外地人终于明白，那个黑皮肤的姑娘整天抱怨自己长相不好，埋怨自己的父母，她还觉得自己努力也没有用，所以非常懒惰，而且脾气很坏，对别人恶言相向；而另一个姑娘则认为，自己的相貌是天生的，但是相貌只是一个人的一方面，性格好的人，大家都会喜欢。丑姑娘对待村民非常热心，只要他人开口，她就会毫不推辞地去帮忙。正是因为她这种高尚的品格，才受到了村民们的敬重。

两个姑娘相貌都不靓丽，也就是说都不完美，但是，接纳自己不完美的那个姑娘心理非常平衡，知道相貌是无法改变的，而品德则是自己能够控制的，这种健康的心理使她努力提升自己，获得了大家的认可。而另一个姑娘不接纳自己的缺陷，整天怨天尤人，自然也就难以提高了。两个人最大的区别就在于是否正视了自己的缺陷。

心理学家威廉·詹姆斯曾经说过："直视我们的缺陷会让我们产生意外的收获。"没错，在现实之中，我们的确在某些方面不如别人，这是非常自然的事情。但这并不代表我们在其他方面没有长处，更不应该将这种差距当成自己失败的借口。

人们总是有这样的习惯，就是总喜欢注意自己身上的缺点，而忽略自身所拥有的大部分优点。每个人都是不完美的，都有各自的缺点和优点。我们只有正视并接纳自己的缺陷，突出自己的优点，才能鼓足勇气，走向成功。

其实不仅仅我们人类有缺陷，我们所处的世界也是布满缺憾的。比如臭氧层的漏洞；比如撒哈拉那漫天黄沙；再比如非洲那严酷的生存环境等。正是由于人生中存在的这些缺憾，才能突出人生中的完美，没有缺憾，我们就无法去衡量完美。

我们要接纳自己的不完美，因为即使是缺陷也是属于自己的独一无二的特征。所以我们要放弃那个"理想的自己"，坦然面对自己的不完美，承认自己的不完美，然后接纳自己的不完美。只有一个人能够接纳、欣赏自己的缺点，他的内心才能够充满自信和阳光；他才能够被他人所欣赏，做最好的自己。

| 第二章 |

做好自己就够了

——你不可能让所有人都满意

摆脱盲从，活出真实的自己

生活中，我们经常会看到这样的现象：某个商场做促销，门口的顾客排队进去买东西。这时候，队伍很可能会越来越长，有的顾客根本就不了解这个商场里面促销的都是什么样的商品，就盲目跟着排队。这就是人们的盲从心理，认为别人都是这么做的，说明我也应该这么做。

盲从心理反映了人们自我认识的缺失，不顾自己的客观条件，人云亦云。就像是东施效颦一样，把别人当作是自己的镜子，看到别人做某件事，自己就去做某件事。

爱因斯坦是世界著名的物理学家、科学家，他小时候并不爱学习，看到其他小孩子在外面玩，他也就跟着别人一起去玩，有时还跟一些坏孩子混在一起。爱因斯坦的父亲对此很担忧。有一天，正当小爱因斯坦要跑出去玩的时候，父亲叫住了他，给他讲了一个故事，而正是这个故事改变了爱因斯坦的一生。

“昨天，我和你杰克叔叔一起去做清理工作，清理咱们两家房子中间那个大烟囱。”父亲耐心地给小爱因斯坦讲着，“那烟囱里面有用铁棍做成的一级一级的踏梯，我们两个人一前一后踩着铁棍钻上去。上去的时候，你杰克叔叔在前面，我在后面。等我们清扫完了，就又踏着那个下来。下来时，仍然是你杰克叔叔在前面，我跟在后面。等从烟囱里钻出来后，我们发现了一件奇怪的事情。”

爱因斯坦好奇地听着，父亲笑了笑，接着说：“出来后，我看到你杰克叔叔胳膊上、腿上，甚至是脸上，都蹭上了很多烟灰，黑乎乎的，像个小丑一样。我当时想，自己身上肯定也跟杰克叔叔一样脏，所以就赶快跑到了咱们家附近那条小河里去洗。这时，你杰克叔叔已经走了。”

“后来，”爱因斯坦的父亲接着讲下去，“你杰克叔叔跟我说，他当天去街上买东西，街上的人都用一种奇怪的眼神看他，有人还偷偷地笑。后来，他回到家之后才发现，自己身上竟然那么脏。你知道为什么杰克叔叔没有洗干净就上街吗？”

爱因斯坦摇摇头，父亲便解释道：“因为我们出来后，杰克叔叔看到我身上并没有被弄脏，他当时着急上街买东西，就回家草草地洗了一下手，便走了，所以才闹出了这个笑话。”

听到这里，爱因斯坦和父亲都忍不住大笑起来。笑过之后，父亲郑重地对爱因斯坦说：“我之所以去河里洗了又洗，是因为看到杰克叔叔身上脏，而杰克叔叔没有清洗，出了丑，也是因为看到我身上很干净，所以他就认为自己身上也很干净。我们都在以别人为参照，让别人影响自己。这样是不对的。有很多小孩子不爱学习，整天跑在街上玩儿，可是，你不能以他们为参照，忘记了自己应该做的事情。”

爱因斯坦从此明白了，人不应该不加思考地向别人学习，而忘了自己本来的理想和计划。他于是努力学习，坚持自己的理想，成了一位大科学家。

身上脏了的人不去清洗，身上干干净净的人反而觉得自己该洗澡了。之所以会发生这样奇怪的现象，就是因为他们都盲目地从别人的表现中认识自己，忽略了客观事实。

盲从心理对个人成功有很大的负面作用，会让我们走上不适合自己的道路，白白浪费时间和精力。事实上，一个人如果想要拥有独特的个性，取得傲人的成就，就不能总是盲目跟风、人云亦云。人类是拥有独立思考能力的动物，每个人都有属于自己的思考模式，一味地模仿别人，一味地按照他人说的做只能让你变得庸碌无为。

我们要想自己在人群中脱颖而出，就必须摆脱别人的影响，不盲目跟随，拥有自主意识。有人说，第一个把女人比作鲜花的人是天才，第二个是庸才，第三个就是蠢材。那么我们为什么不去做那个天才，而要去做庸才、蠢材呢？我们要拒绝盲目跟风，拒绝人云亦云，不轻易受外界的暗示和影响，保持头脑清醒，客观真实地认识自己，并坚持自我，这样才能保持自己的个性，走向成功。

攀比，只会让你一无是处

人们普遍存在一种攀比心理，总是喜欢和一些成功人士或者身边过得比较好的人对比，觉得自己应该向对方学习，应该取得像对方一样的成就。这样盲目攀比的心理是要不得的。诚然，我们需要借助别人的成功激励自己，让自己变得更加优秀。但是，这并不意味着我们应该走和对方一样的道路。

有的人由于自己屡战屡败而丧失信心，还有的人则会因为攀比心理而失去自信。这些人最明显的特点就是喜欢跟别人比，参加同学聚会的时候，见到老同学事业有成，就很不痛快：“同样的学校毕业，为什么他就发展得那么快？”参加公司年会，优秀员工奖没有发给自己，就闷闷不乐：“我怎么这么没用，为什么别人总是比我强呢？”甚至朋友买了新房，他们也会伤感：“我什么时候才能买新房呢？”

这些人可能原本也非常优秀，但是，他们总是喜欢和别人比。他们不只是和某一个人做全面比较，而是拿自己的每一个技能和这个项目上出类拔萃的那一部分人做比较。例如，你虽然名牌大学毕业，非常优秀，但是若是和张学友比唱歌，和奥巴马比说英语，和郭德纲比说相声，即使自身再优秀，也终究会迷失自我。

毕业于浙江大学的刘爱新就有这样惨痛的经历。她主修的是会计学，在校期间，她表现十分出色，毕业之后就进入了一家大型外资公司。由于从事的是和自己专业对口的工作，刘爱新如鱼得水，成为公司会计处主任。可是，当她看到自己的一些老同学在金融行业混得风生水起，年薪比自己高很多的时候，她就再也静不下心了。在经过一番思想斗争后，刘爱新去英国进修金融学MBA。

刘爱新带着自己几年的积蓄，来到陌生的国度，每天起早贪黑，发奋学习。那时候，刘爱新觉得浑身有使不完的劲儿，每天都活力十足，信心满满。几年之后，刘爱新完成学业，带着满腔的热情回到中国，她认为自己过硬的语言技能，名牌学校的文凭和出国留学的经历一定能让自己的求职道路一帆风顺。可是，向几个出名的金融行业公司投递简历之后，她从未接到面试通知。虽然失望，刘爱新还是觉得这些公司可能无暇顾及，于是她一家一家地打电话。然而，无论银行还是证券机构，都表现得非常冷淡，他们认为刘爱新没有实战经验，不能很快上手，而且，刘爱新原本的专业并不是金融学。最后，一家比较小的证券公司总算同意刘爱新到公司试用。但是，公司提供的待遇远远不能和自己原来的工作相比。刘爱新感到无比失落，她后悔极了，不仅投入的大量的时间、精力、金钱都已无可挽回，自己初出茅庐的信心和热情也所剩无几，刘爱新由一个锋芒毕露的优秀人才变得非常平庸。

刘爱新的职业道路是令人惋惜的，她错就错在盲目与人攀比。每一个人的特质是不同的，经历也不同，我们不需要跟随别人的脚步，不能每天都活在与人相较中。

成功有很多种，我们要学习别人的精神，以此为助力达到自己的成功，而不是沿着别人的道路。成功并不是变得比别人都好，而是做最好的自己。

有一个年轻人，经历了三次高考，仍旧考不上好大学。邻居家的孩子复读了一年，就考上了一所重点大学。父母看在眼里，记在心里，想要劝他再复读一年，但是又于心不忍。这个年轻人在经过慎重考虑之后，决定不再求学了。他喜欢烹饪，想要做一名高级厨师。于是，在简单打点了行李之后，他向父母告别，到上海一家有名的饭店，一边打工，一边找机会学习烹饪。年轻人的勤奋和执着打动了饭店的大厨，大厨决定利用空闲时间指导他烹饪。

时间不长，凭借着谦虚认真的求学态度和一点就透的过人天赋，年轻人小有所成。又经过了几年打拼，这个年轻人有了自己的饭店，并在业内赢得了广泛赞誉。多年之后，在与父母谈心的时候，年轻人说："我并不喜欢读书，当年我复读三年，就是为了让您二老满意。可是后来我发现那条路真的不适合我。我并不能像别人那样考上很好的大学，但是我并不笨，我在我自己感兴趣的位置上，能做到最好。"

假设这个年轻人一味与那些考场上的得意者相比，非要考上一所好的大学，那么，他不仅没有机会成就自己的梦想，还会在失败中慢慢消沉，丧失自信心，变得萎靡不振。有人比我们的职位高，还有人比我们有钱，但这并不代表我们就是失败的，只要在与自己比较的时候，我们能不断进步，每天有新的收获，我们就是最优秀的。

只和自己比，做最好的自己，看似简单，实则需要坚韧不拔的毅力。不是说你今天还面黄肌瘦，明天就能吃个胖子，重要的是坚持，每天进步一点点。汤之《盘铭》曰："苟日新，日日新，又日新。"我们与自己比较，每天都要有新的收获，新的姿态，新的起点，新的进步，一步一个脚印。在不断进步、不断完善的过程中，我们就会慢慢发现自己的潜力，变得更有自信。就像是雨后春笋，虽然可能比旁边的竹子矮很多，但是不断向上生长，每天达到新的高度，仍旧可以挺起胸膛，迎接阳光和雨露，仍旧激励着、感染着周围的人。

每个人的性格、气质、成长环境等因素都不一样，因此，每个人对于成功的定义也不尽相同。因此，我们要戒除攀比心理，不受别人的干扰，勇敢地追求自己的成功，而不是向别人看齐。当我们做到了最好的自己，谁又能说我们的人生不是成功的呢?

"标签效应"

心理学中有一个词叫作"标签效应"，说的是当一个人被一种词语名称贴上标签时，这个标签就会影响到他的内心，慢慢地，他的行为与所贴的标签内容就会相一致。

为了证明标签效应的正确性，美国心理学家曾在招募的一批散漫、消极、不听指挥的新士兵中做了一个实验。在实验中，心理学家让他们每人每月向家人写一封说自己在前线如何遵守纪律、听从指挥、立功受奖等内容的信。结果，这些士兵在一段时间之后发生了很大的变化，他们慢慢改变了自己的不良行为，变得像信里形容的那样了。

事实证明，别人的评价和看法会影响到人的心理，进而影响一个人的表现。如果别人对我们的评价是客观的、积极的，我们就会受到好的影响。但是，如果别人对我们的评价不是积极的，我们就容易受到负面影响，成为别人眼中的自己，而不是真正的自己。

多数人一开始都知道自己内心的渴望，知道自己想做什么，但是其中大部分人都不能坚持自己，都过于在意别人的看法，因而慢慢偏离了自己的内心，陷入错误的认识之中。很少有人能够不介意别人的看法，清晰认识自己，按照自己的心意一直走下去。我们一边评价别人，一边听着别人对自己的评价。这些评价有的好，有的不好，但无论好坏，都有一种心理暗示的作用。积极的、正确的暗示，会给我们带来正面的影响，而消极的、片面的暗示能给我们带来负面的影响，套住我们的心灵。

现实中，有很多人都背负着别人贴在自己身上的标签，过着提线木偶般的生活。也许有一天，他会突然想要看看自己的样子，当他拿起镜子的那一刻，他一定会感到惊讶。镜子中的人究竟是谁？我还是我吗？当一个人开始产生这样的想法，他就已经陷入了一片迷茫之中。他也许会下意识地想要挣脱，想要做回真实的自己，但是别人的看法又会让他产生妥协心理，最后他只能再次带上标签，努力演好别人为自己定义好的“角色”。这样的人无论做什么事情都会想：这样做他们会怎么看我？这样做会博得他们的好感吗？这样做会得到老板的赞赏吗？等等。没错，也许这样想会让你升职、加薪，得到上司的赞赏，但若是真的有一天你拥有了很多他人所期望得到的东西，你会发现，自己的心也空了，因为这些根本不是你想要的。

王华大学时学的是建筑设计，他希望自己可以成为一个建筑设计师。毕业之后，他到了某建筑公司工作。刚到公司的时候，人事部安排他去跑业务，说是让他锻炼一下，过段时间就安排他做建筑设计。王华没有拒绝，他按时上下班，自己有事也从来都不会请假。所以每个月开月终会时，老板都会夸他一番，说他擅长做业务，一定要多多努力。时间一长，王华成了公司的“业务能手”。刚开始的时候王华感到非常高兴，可慢慢的，他的压力就来了。

有一次，王华的几个大学同学通知他，想让他一起报名参加建筑师资格证考试。但是王华觉得自己是在评优秀员工的关键时候，就没有参加。

王华的设计能力很强，在学校的时候还获过奖。可是，经过了一年的业务员生活之后，他坐不下来，没心思做设计了。

过了两年，王华的同学大都成了建筑设计公司的骨干，而他还在每天跑业务。王华变得十分消沉，他突然感觉自己在选择职业方向的时候陷入了误区，自己一直在按照老板给自己的建议和鼓励发展，没有考虑自己的优点和兴趣。他感到十分迷茫，想要摆脱这种空虚的生活，可是却没有勇气。

其实王华这样的问题在这个社会上普遍存在着，当一个人被冠以某种称谓时，就会在潜意识中真正地把自己当成那样的人，并会力求一致。别人的评价会影响人们的思想，左右人们的思维活动，甚至还会影响人们对事情的判断和选择。

一旦一个人被贴上了“标签”，他的言行举止就会被束缚在一个狭小的圈子中，他的内心就被束缚了。换句话说，一旦被贴上标签，他就会错误地估计自己，离真实的自己越来越远。比如，某些家长在督促自己孩子学习时会采用激将的方法，总是说：“你怎么那么笨呢？”或是“生头猪都比你强”等。久而久之，这个孩子就会产生一种“也许自己真的很笨”的念头。最后的结果就是，他忽略了自己在某些方面的优点，成了符合家长评价的人。

我们一定要摆脱标签效应的影响，不受别人的干扰，正确认识自己，走自己的路。每个人都是不同的，每个人也都拥有属于自己的个性。过分地在意别人的看法，努力地去做别人眼中的完美，按照别人制定的路线走下去，只会让一个人变得越来越迷茫，只会离自己的本心越来越远。人们只有客观正确地认识自己、做真实的自己才能真正发挥自己的力量，找到属于自己的成功之路。

确实，人的一生是短暂的，所以有些时候我们要活得“自私”一点。换句话说，

我们要为自己而活。而要想为自己而活，我们首先要独立、客观地认识自己，找回真实的自己，不被他人强加给我们的标签影响，不受别人看法的干扰。

走自己的路，让别人去说吧

每个人的脾气性格是不同的，考虑问题的角度也不同。所以人们的处世原则和生活方式也都不尽相同。但无论怎样做事，怎样生活，只要自己感到舒服，又不妨碍他人就可以了。对于他人的指责，或者是恶意的人身攻击，我们大可以一笑置之。换句话说，在生活中，我们并不必太过在意他人的想法，更不能因为别人的指责和批评而改变自己。

曾经有一位画家，他一直想要画出一幅人人看了都喜欢的画。他每天必须做的事情就是画好一幅画后，在画的旁边注明，每一个觉得此画有瑕疵的人都可以在画上添上一笔，以便日后修改。

第二天，他就将画好的画放到市场上展出，然后晚上才取回。每当画家把画取回的时候，也是一天当中他心情最糟糕的时候。因为画家发现，整个画都被画满了油彩，几乎每一笔都被别人指责了。

画家感到非常苦恼，为什么自己的画会受到这么多指责呢？为什么无论自己怎样做还是不对呢？画家因此而消沉了很长一段时间。后来他的一个朋友告诉给画家一个办法，说换了这个办法之后，他的心情一定会有所改善。画家将信将疑，所以决定用自己朋友的办法再试一试。过了几天，画家将之前被人们指责的画临摹了一幅，依旧放到市场去展出，但这一次的标签却换了。新的标签是：如果你觉得哪笔画得比较妙，就在哪笔的旁边画一个记号。这次当画家将画取回时，他发现画上依然被画满了记号。这些曾经是指责的记号，现在变成了一种赞美。画家感慨地说：“我总是努力地让每个人都认为我的画是完美的，现在我才发现，无论我画得多么好，也只能让一部分人感到满意而已。因为人与人的性格是不同的，有些丑陋的东西，到了另一部分人眼里那也许就是美好的存在。”

是啊，画家说的没有错。中国有一句成语用来形容画家的感悟最为恰当，那就是“众口难调”。一个人如果总是想取悦周围的人，太过在意别人的看法，那他就只能活在别人的阴影里。不管做什么他都会诚惶诚恐，生怕做错了遭到他人的批评。这样的人无论做什么都会束手束脚，无法真正地施展自己的才华，所以说他一辈子都成不了什么大事。

人活着就要活出真实的自己，而不是被别人的看法左右。如果一个人连自己的原则都没有，他也只是一个没有灵魂的躯壳而已。一个没有立场、没有追求、没有原则，甚至是连自己天性都被压制住的人，虽然还机械地活着，但难以有大的成就。

一个无法坚持自我的人，做起事来总是会畏畏缩缩的，因为他每做一件事都会考虑到别人看他的眼神；考虑到周遭人对他所持的态度。一个人的一生如果活得如此惶恐，还有什么意义可言呢？所以我们说，一个人要想自信，要想超越自己，就一定要排除外在的一切因素，坚持自我，因为只有坚持自我才能获得思想上的自由；只有坚持自我才能感到快乐；同时也只有坚持自我，才能排除一切阻碍和干扰，最终取得事业上和生活上的成功。

我们都知道爱因斯坦是一个伟大的科学家，也了解他的相对论。这个理论刚刚被提出的时候，在科学界有一大批自称专家的人联合起来对爱因斯坦展开了批判。面对这样的批评，爱因斯坦只是淡淡地笑了笑，说：“如果我表现出在意，那么他们就会一直喋喋不休地说下去。其实如果能够指出我错误的话，一个人就够了。”

正如那句话所说的：走自己的路，让别人去说吧！在人生的旅途中，人们会遭遇各种各样的打击，也会承受各种各样的非议。但如果他能够坚持自我的话，这些打击和诱惑就都不会令他动摇。因为一个坚持自我的人能够产生出一种信念，这种信念正是实现目标最好的催化剂。虽然说，我们即使坚持自我也无法成为伟人，但坚持自我却可以让我们像那些成功的伟人一样，把握自己的命运，做真正的自己。

| 第三章 |

梦想还是要有的，万一实现了呢

——向着目标凝聚全部力量

如果你活力不足，一定是因为淡忘了理想

梦想是一个人走向成功的最大动力。每个人心中都蕴含着极大的力量，而梦想无疑是激发这些力量的重要因素。一个人心中有梦想，就有了奋斗的动力和激情。

然而，现实中，很多人的梦想被淡忘了。他们将自己的眼光放在目前的薪水上面，以短期利益作为奋斗的目标。有钱赚就积极去做，没钱赚就消极怠工，这是现代人在工作中普遍存在的一种心理。这种心理是非常有害的。金钱是生活的必需品，辛勤工作，理应得到一定量的物质回报来满足自己的生活需要。但是，工作不能只是为了薪水，如果把眼睛牢牢盯在薪水上面，眼界就会慢慢变窄，激情也会渐渐丧失，进而迷失自己，成为金钱的奴隶。我们应该有更高的追求，奋斗的动力应当是心中的梦想。

事实上，相对于个人的成长而言，薪水原本就是微不足道的。一心想着薪水，只向钱看齐的人难以清晰地定位自己，难以找到明确的人生方向。事实上，真正能够为你增值，让你更加有力的，就是宝贵的阅历、丰富的工作训练、能力的外现和品行的锻造。为了梦想而奋斗的人，在工作中的状态一定是出众的。无论老板在与不在，他们都会全力工作，提高自己；无论薪水丰厚还是微薄，他们工作起来都是满怀热情；不管在多卑微的岗位上，他们也能做出不凡的成就。

刘跃和自己的一个同学王世杰一起到北京打工，刚到北京的时候，两个人合租一间房，找的工作都不理想。王世杰在一家眼镜厂做学徒，月薪 700 元，刘跃在一家电子厂做普通工，月薪 1000 元。

刘跃每天在公司里向同事抱怨，总是说他们每天工作时间长，工资与劳动不成正比。后来他的公司实行了绩效制，刘跃当月就超额完成任务，拿到了不少的薪水。又过了一段时间，公司决定抽取一部分职工做培训，如果培训效果好，普通工就可以升职做管理。刘跃对自己的同事说："二十几个人参加培训，最后最多也就三个人能够做管理，参与培训期间工资又低，傻子才去呢！"就这样，刘跃一直在公司做普通工。

王世杰则不同，他不仅上班的时候专心工作，即使到了下班的时间，他也总是趁着老师傅没有走，询问一些技术问题。闲暇时候，王世杰还参与管理培训课程。外出打工一年的时候，刘跃月薪 2800 元，而王世杰还是在做学徒，工资 1500 元。

两年后，刘跃进一步熟练了，月薪 3200 元。王世杰由于刚刚当上技术主管，管理工资不高，月薪只有 2500 元。

三年后，刘跃厌烦了普通工的工作，调到了另一家厂子，月薪 3500 元。而王世杰这一年里则发生了很大变化，他胜任了公司部门经理，主管销售，年薪已经 10 万了。

又过了两年，王世杰自立门户，开了一家眼镜厂，成为日进斗金的老板。他念及旧情，聘请刘跃做厂里的仓库管理员，月薪不过 4000 元多一点。

越是眼睛盯着自己的薪水，你的薪水就会越低，被几张钞票遮蔽了目光，耗费了心气，如何获得成功？你要做的应该是用更多的时间去接受新的知识，培养自己的能力，展现自己的才华。在你未来的资产中，它们的价值将远远超过现在所积累的货币资产。把薪水当作是自己成长过程中的副产品，努力提高自己才是目标，能够做到这样，你的收获将不仅仅是屈指可数的薪水，而是终身受用无尽的黄金。

“我不光是在为老板打工，更不单纯为了赚钱，我是在为自己的梦想打工，为自己的远大前途打工。我们只能在业绩中提升自己。我要使自己工作所产生的价值，远远超过所得的薪水，只有这样我才能得到重用，才能获得机遇！”这是李嘉诚的成功心得，他的奋斗历程，就是这句话的真实写照。

李嘉诚在茶楼打工时，三教九流的人物都有，每天听茶客们谈古论今，成了李嘉诚最大的享受。从茶客们的谈话里，李嘉诚发现，世界原来是这么错综复杂，异彩纷呈。李嘉诚的思维不再单纯得如一张白纸，而是萌生了自己的梦想。

就是因为梦想的支撑，李嘉诚没有像其他伙计一样，默默无闻。而是不断地吸收有益的信息，为自己以后的发展奠定基础。

后来李嘉诚来到塑胶厂做推销员。当时塑胶公司有7名推销员，数李嘉诚最年轻，资历最浅。另几位是历次招聘中的佼佼者，经验丰富，已有固定的客户。在这样的情况下，李嘉诚还是没有失去他的壮志雄心，他是一个不服输的人，他不相信自己会比别人差。于是，他给自己定下目标：3个月内，干得和别的推销员一样出色；半年后，超过他们。

凭借着这股劲儿，李嘉诚在加盟塑胶公司后，仅一年工夫，就实现了他的预定目标。他超越了另外6个推销员，那些经验丰富的老手也难以望其项背。老板拿出财务的统计结果，连李嘉诚都大吃一惊——他的销售额是第二名的7倍！全公司的人，都在谈论推销奇才李嘉诚，说他“后生可畏”。18岁的李嘉诚被提拔为部门经理，统管产品销售。两年后，他又晋升为总经理，全盘负责日常事务。

在李嘉诚以后几十年的商场生涯中，他一直都没有忘记自己的梦想，做任何事情时，都保持一颗充满激情的心。成为塑胶大王，果断进军房地产业，入主和记黄埔，合力战置地，跨国投资，强大的自信让李嘉诚在商业战场上所向披靡。这一桩桩，一件件事，如果没有对于梦想的渴望，一件也不可能完成。

一个成功学家这样介绍梦想的重要性："一个人若没有了自己可以为之奋斗的梦想，也就没有了属于自己的明天；没有了属于自己明天的人，他一生都将成为别人的陪衬或附庸。心灵需要梦想的滋润，就像花朵需要阳光的抚慰才能孕育果实一样；有了梦想的心灵才会有所期待，有所渴望，才会有为了美好的明天去创造去拼搏的激情和力量。"

每个人都有着自己的梦想，或许是为自己家人创造一个舒适的生活环境，或许是想要升职做领导谋划企业发展蓝图，或许是想要学会技术经验将来自己做老板……不管是什么样的梦想，都会让我们在工作中激情飞扬；在任何困难面前都面无惧色；在任何挑战面前都有战之能胜的信心。现在，闭上眼睛想一想：你的梦想是什么？你是在前往梦想的道路上吗？

一个人强大与否，取决于信念的坚定程度

人的精神力量是巨大的。一个人如果有梦想作为精神依托，有坚定的信念，他的思想、选择、行为就可能会发生很大的变化。因此，我们要想不断提高自己，就必须寻找自己的梦想，并树立坚定的信念，让信念激发出内心的力量。

一个人只有坚定自己的信念，才能够拥有超越自己的力量。有些时候，不是我们无法摆脱平庸，只不过是没有摆脱平庸的决心而已。所以说要想摆脱平庸、战胜自己，不在于我们能不能，而在于我们肯不肯，在于我们有没有决心。

逃避是人类的天性。在面对困难时，我们首先会想到退缩；在面对竞争时，我们首先会想到逃脱；在面对责任时，我们首先会想到推卸。人们总是会为自

己找各种各样的理由来掩盖自己内心的恐惧和怯懦，也会编造出各种各样的借口来遮掩自己逃避的事实。人的内心有太多的不坚强，所以很多人都说，人一辈子最难战胜的不是他人，而是自己的懦弱。

我们要想变得更好，要想取得成功，就必须坚定信念，战胜自己。世界上有很多发明家和科学家，他们之所以能够取得成功，并不是他们多么优秀，而是他们有着一股坚定不移的信念。比如说爱迪生，他的发明道路上充满着坎坷和曲折，他没有因此而放弃，而是靠着一股信念一直坚持着，最终他成了举世无双的发明之王。再比如瓦特，他也是靠着坚定的信念才最终完善了自己的蒸汽理论，让世界进入了一个全新的蒸汽时代。还有马克思，他为了解放全人类，为了无产阶级的未来，一直靠着一股信念坚定不移地努力着，最后留下了伟大的足迹。这些伟人的例子无一不告诉我们，成功之路是充满坎坷的，我们必须要有必胜的决心和坚定的信念才能成为一个强者，才能最终取得胜利。

1791年9月22日，法拉第出生于萨里郡纽因顿。他的父亲是位铁匠，赚取的钱都不足以维持生计，更不用说给法拉第缴纳高昂的学费了。为此，只念了两年小学，法拉第就辍学了。

虽然小小年纪就辍学了，但是法拉第有一个不凡的理想，那就是成为一个科学家。对于一个毫无家庭背景、学历极低的人来说，这个过程是非常艰难的。

1800年，法拉第的父亲离开了人世，年仅9岁的法拉第不畏辛苦，在一家文具店当起了童工。1804年，法拉第又去一家书店当学徒。当时，法拉第的工作限于送报、装订图书。不过，13岁的法拉第并没有忘记自己的目标。工作之余，法拉第翻阅科普著作，做物理学、化学实验，听自然科学演讲，因此积累了大量的相关知识。

1813年，英国皇家学院成立了选拔委员会，对外宣称要为戴维教授选派助手。同时，选拔委员会的主要负责人贴出告示，要有资质的人踊跃报名。获知消息后，法拉第欣喜万分，第一时间就前往选拔委员会报上了名。

就在选拔考试的前一天，法拉第获得了一份通知，内容是：作为一名图书装订工，你没有资格参加选拔考试。看到这份通知之后，法拉第非常难过，但是他并没有放弃，只要有一点点可能，他都要试一试。当天，法拉第赶往选拔委员会，据理力争，希望再次获得考试的机会。出乎意料的是，委员们讽刺道："皇家学院是一个装订工想来就能来的地方吗？除非戴维教授点头，不然你就不要痴心妄想了。"

法拉第暗自琢磨着：明天选拔考试就要开始了，倘若我今天见不到戴维教授，得不到他的同意，那么我只能继续做装订工了。

为了争取到考试的权利，法拉第当即决定前去拜访戴维教授。法拉第到达戴维家院落前时，激动而又紧张。看着紧闭的大门，法拉第稍有迟疑。不过，一想到担任戴维的助手是个绝好的机会，法拉第就心动了，他于是轻轻敲着大门。几分钟后，大门开了，一位和蔼可亲的老人出现在法拉第面前。这个老人虽头发花白，但面色红润，精气十足，他便是戴维教授。在教授的邀请下，法拉第进到里屋。法拉第向戴维教授说明了来意，并表示自己非常热爱物理学，如果这次没有机会，他还会继续学习，直到戴维教授同意。看着眼前的这位执着上进的年轻人，戴维教授倍感欣慰，他随即递给法拉第一张纸条，内容是：请批准法拉第，让他参加选拔考试。临别时，戴维教授对法拉第说："年轻人，我看好你，希望你好好发挥。"

后来，经过多次筛选，法拉第当上了戴维教授的助手，走进了英国皇家学院，这是他人生的转折点。在以后的岁月里，法拉第结识了许多科研人士，做了许多实验，眼界越来越开阔，经验越来越丰富，为他后来的成功打下了基石。

当生活困顿的时候，法拉第仍旧努力进取，不断提高自己；面对委员们的冷嘲热讽，法拉第没有退缩，主动地寻求机会；在教授面前，法拉第毫不犹豫，表明自己的决心。他表现出了极大的耐心和毅力，只有拥有强大内心的人，才能从一个穷小子成为一个伟大的物理学家。给他力量的，正是他永不磨灭的信念。

我们所说的信念是一种信心，也是一种决心。换句话说，信念是一种心灵的力量。失败者和成功者的区别往往也只是信念的力量有所差异而已。我们不妨想一下，一个人如果在决定做一件事时总是首先想到退缩，那么他又怎么会成功？在做事的过程中，遇到一点困难就萌生退意，这样的人又怎么能不失败？

一个信念不坚定的人，总是想到退缩，所以他无法发挥自己的真实实力，他也就永远都无法超越自我。反之，如果一个人无论做什么事情都抱着必胜的决心，有着坚定不移的信念，他内心的力量就会如火焰一般熊熊地燃烧起来，有用不尽的精力。他会像一柄利剑一样，在通往成功的路上披荆斩棘，无坚不摧。

有小目标，才有大希望

1952年7月4日清晨，加利福尼亚海岸西21英里的卡塔林纳岛上，34岁的费罗伦丝·柯德威克在一片晨雾中走进了水里，她要成为第一个横渡这个海峡的女人。在此之前，她已经是第一位横渡英吉利海峡的女人了。类似的环境条件下，她已经训练过无数次，无论是从体力还是经验上来说，她都具备了横渡海峡的能力。

不过，那天早晨的雾实在是太大了，她几乎看不到看护她的船只，只能按照自己选定的方向往前游。这次横渡活动是电视直播，电视机前，无数人在注视着她。一个小时过去了，又一个小时过去了，她觉得筋疲力尽，而且海水冻得她浑身发麻。15个小时过去了，按照原计划，这个时候她差不多应该游完全程了。可是，她依然看不到海岸，她怀疑自己这次游得太慢，或者方向有了一定的偏移，她决定放弃了。她被冰冷的海水冻得浑身发麻。她大声呼喊，说自己不能再游了，就叫人拉她上船。她的母亲和教练在旁边的一条船上。他们非常着急，因为他们知道，海岸已经很近了。可是费罗伦丝不相信，她什么都看不到，前面的一片浓雾让她绝望。

没办法，人们只好惋惜地把她拉上了船。上了船之后很短时间，她们就到达对岸了，要知道，她上船的位置，离加州海岸只有0.5英里！

上岸之后，费罗伦丝非常沮丧。之后的新闻采访中，她告诉记者，真正令她半途而废的不是疲劳，也不是寒冷，而是因为完全看不到希望，看不到目标。不过，费罗伦丝并没有放弃，她潜心准备了两个月之后，终于成功地游过了这个海峡。

游了15个小时之后，费罗伦丝很累，可是，这时候如果她看到岸边的建筑，看到目标就在眼前，或许她就不会放弃。当她在疲劳和寒冷中望向前方的时候，什么也看不到，这样一来，心里仅存的一丝力量也就消失了。这就是她失败的原因。

确实，一个人有了目标，才有使劲的方向，内心才能充满力量。要是看不到目标，人就会渐渐地失去信心、干劲全无。卡耐基曾对世界上1万名不同种族、年龄与性别的人进行过一次关于人生目标的调查。他发现，只有3%的人有明确的目标，并知道怎样把目标落实；而另外97%的人，要么根本没有目标，要么目标不明确，要么不知道怎样去实现目标。10年后，他对上述对象再一次进行调查，结果令他吃惊：属于原来97%范围内的人，除了年龄增长10岁外，其他方面几乎没有什么起色，还是那么普通和平庸；而原来与众不同的3%的人，却在各自的领域里取得了相当的成功。他们10年前提出的目标都不同程度地得到实现，并正在按原定的人生轨迹走下去。这3%和97%之所以能有这么大的差别显然和他们天赋、机遇关系不大，而在于有没有人生的目标。那3%因为有目标，所以他们围着目标不断奋斗，有欲望，有行动，慢慢积攒人脉，最后发挥出了自己的能力，获得成功。而剩下的97%，岁月的流逝只增加了他们的年龄，日子也不过是日复一日地重复。因为没有人生目标，他们常常会觉得很茫然，他们的眼前是一片迷雾，他们只能感受到疲劳和寒冷，看不到希望，内心绝望了，自然没有奋斗的热情。

台湾经营之神王永庆曾经说过，当我们站在海边的沙滩上时，眼睛向上看一公分，就能够看到一望无际的天空；眼睛向下看一公分，除了沙子和自己的脚外，什么也看不到。其实，成功与失败就差在那一公分，一个优秀的领导者，在做事之前就已经确立了明确的目标，制订了详细的计划，看到了美好的未来，他心里那种强大的力量就会喷薄而出。

阿里巴巴的创始人马云是中国知名的企业家，也是一个极具传奇色彩的人物。他1988年毕业于杭州师范学院，之后进入杭州电子工业大学任教。1995年他出国访问时接触到了因特网，了解了互联网的奇特功能。他觉得，互联网能够给整个世界都带来巨大的影响，而互联网也充满了商机。因此，他回国后立即创办了中国第一家网上中文商业信息网站“中国黄页”。1997年年底，马云离开杭州，来到北京，他加入到隶属于外经贸部中国国际电子商务中心的国富通信息技术发展有限公司，开发了中国招商、中国外经贸、网上中国商品交易市场、外经贸部官方站点等很多网站。1999年，他放弃公职，创办了阿里巴巴网站。通过多年的努力，阿里巴巴已经成为全球最大的B2B网站。

一次，马云在回忆自己创办阿里巴巴的经历时，声情并茂地说：“五年以前，我跟我的同事想创办一个全世界最伟大的公司，我们希望全世界只要是商人就一定要用我们的网络。当时产生这个想法，被很多人认为是疯子。这五年里一直有很多人认为我是疯子，不管别人怎么说，我一直没有改变过一个中国人想创办全世界最伟大公司的梦想。1999年，我们提出要做80年，在互联网最不景气的2001年和2002年，我们在公司里面讲得最多的词就是'活着'。如果全部的互联网公司都死了，而我们还活着就赢了。我永远相信，只要永不放弃，我们还是有机会的。最后，我们还是坚信一点，这世界上只要有梦想，只要不断努力，只要不断学习，就有成功的那一天。今天很残酷，明天更残酷，后天很美好，但绝大部分人死在明天晚上，只有那些真正的英雄才能见到后天的太阳。”

在创业的过程中，马云和他的同事遇到了很多困难，遭到了很多人冷嘲热讽。他之所以能够成功，除了坚持不懈外，还在于他有梦想，有明确而远大的目标，他把自己的梦想传递给阿里巴巴的每一名员工。如此一来，阿里巴巴内部就形成了一个强大的力量场，这也是阿里巴巴不断进步的原动力。

一个目标明确的人内心更有力量。当一个人在一步步实现自己的目标，他会觉得很开心、很幸福，他的精力会非常充沛，他的才能、天赋、积极性都会被调动起来，就算工作非常辛苦，他也能够很快适应，坚定而有力地走下去。因此，我们要想唤醒自己内心的力量，就要学会为自己树立明确的目标，把远方的海岸装进心里，使之成为我们取之不尽的动力源。

人不可能同时达成两个目标

如果一个人只有一块手表，当别人问他时间的时候，他总是可以毫不犹豫地回答出来；但是，当他拥有两块手表的时候，别人再询问他准确时间，他会陷入一种矛盾之中，难以说出准确时间。这就是著名的手表定律，也称为矛盾定理。

手表定律能够给我们一个非常直观的启发：我们在做任何事情的时候，都不能同时设置两个不同的目标。一个目标会让我们有清晰的方向，两个目标则会让我们陷入困境，处于一种盲目混乱的状态。

确实，一个人如果想做的事情太多，各个事情所需的时间和精力又相互冲突，这个人就会精力涣散，最后像无头苍蝇一样瞎忙，最终一个目标都无法实现。一位美国心理学家曾讲过这样一个小故事：

有一个年轻人叫贾金斯，他最大的一个缺点就是无法专注，总是朝三暮四。一天，贾金斯想要将一块木板钉在树上当搁板，但是木板太大了，很不方便。贾金斯看到木板大小不合适，决定把木板锯下来一些。

锯木板需要用锯子，于是，贾金斯到邻居家里找来了锯子，开始锯木板。锯了几下之后，他发现邻居家的锯子很久没有磨了，不好用。他只好放下木板，去磨锯子。磨锯子又需要锉刀，贾金斯又去找锉刀。

一个小时过去了，贾金斯找到了锉刀，但是他发现锉刀的手柄不合适，需要重新安装一个。他又去小树林中寻找适合做手柄的小树。虽然找到了合适的小树，但是贾金斯需要拿斧头来砍。于是他还得去找斧头……

就这样，贾金斯忙忙碌碌大半天，还是没有钉好木板。

贾金斯在事业上的作为和钉木板一样，朝三暮四，没有定性。他曾经迷上学法语，但努力学了一阵子之后，他发现要想真正掌握法语，必须首先了解古法语，而古法语和拉丁语是相通的。后来他才知道，要想了解拉丁语，就不能不学习梵文。最终，贾金斯学习梵文的时候发现梵文晦涩难懂，没多久他就放弃了，结果他什么也没有学好。

贾金斯想去创业，他爷爷给他留下了一笔遗产。他就用这些钱投资办了一家煤气厂。不过，由于对投资不熟悉，他亏了本。这件事之后，贾金斯看到煤炭昂贵，于是低价把煤气厂转让出去，开了一个煤矿厂。

可是，贾金斯的煤矿厂没有他预期的那么赚钱，因为采矿的机械非常昂贵。于是，贾金斯又变卖了煤矿厂，投资机械制造厂。不过，贾金斯最终并没有赚到什么钱，因为在一次次投资中，他的钱已经严重缩水，所剩无几了。

生活中，很多人都像故事中的贾金斯一样，忙忙碌碌，却一无所成。他们没什么特定的目标，总是朝三暮四，一会儿忙这个，一会儿追那个。之所以会这样，是因为他们内心不够坚定，没有把目光聚焦在那唯一的目标上，总是被枝枝叶叶干扰，忘了最重要的事情是什么，忘了自己在做什么，最终目的是什么。

那些目标专一的人，内心非常坚定，他们的生活态度与实际行动都围着这个目标，不会多理会无关的事物。

当然了，还有一些人，他们只有一个目标，但他们脑中经常出现各种杂乱无章的念头，为此浪费了大量的时间，最终也难免会失败。

弈秋是全国最会下棋的人，有两个人仰慕他的棋艺，求学于他。刚刚拜师时，两个人棋艺相当。但几年过后，其中的一个人成为全国知名的高手，连弈秋有时都不是他的对手，而另一个棋艺虽有所长进，但与高手相比还有很大的距离。

有人问弈秋："是不是这两个人的天资不同，所以才有今日的差距呢？"弈秋并不这么认为。他说："他们两个我一直一视同仁，从未有所偏爱。在我教他们的时候，一个总是专心致志地听讲，而另一个却总是想着一会儿可能有大雁要飞过来，自己怎么拿弓箭去射它。这能说是因为天资不同吗？"

在许多毫无用处的事情上浪费时间与精力，对自己实现目标是十分有害的。要想达到一定的高度，就要把所有的经历集中起来。

要想让一棵树长得更高，就需要时不时将许多枝杈剪掉。许多人觉得这些枝条也可以成长，剪掉十分的可惜。但有经验的园丁都知道，不剪掉一些枝条，整棵树就无法真正地粗壮高大。

目标过多会让我们把过多的时间花费在幻想那些个目标上，在那许许多多的目标中游移不定。这样的幻想过多就会蒙蔽我们的眼睛，就算是有实现目标的机会，我们也会眼睁睁地看着它溜走。因为那个时候的我们不能准确地判断出这是否是个机会，机会就会这样在这种似是而非中溜走。

人不可能同时达到两个目标，我们只有专注于一个目标，内心的力量才会真正发挥作用，帮助我们走得更高。

做值得做的，才能做得更好

关于一个人的人生定位和目标设定，有一个著名的心理学定律，那就是不值得定律。简单来说，不值得定律就是一个人认为一件事情不值得做，他就会觉得这件事不值得做好。

这个定律是人们一种心理的写照，那就是一个人如果正在做自己认为不值得做的事情，他的内心就不会重视，做事的时候会采取敷衍了事的态度。这种心态之下，事情成功的概率非常小。即使成功了，这个人也不会觉得有多大的成就感。

因此，我们要想有所成就，就要清晰定位自己的人生，设立适合自己的目标。只有去做自己认为值得做的事情，去做适合我们的个性与气质的事情，我们才有可能做好，才能够从中获得成就感。

现实中，很多人都做着自己认为不值得的事情。他们总是会羡慕他人的工作，总是觉得自己做的事情没有什么价值。这是一种非常危险的状态，时间久了，人就会麻木、颓废。我们一定要学会通过不断审视自己的兴趣、爱好、特长、能力，逐渐地开始为自己定下一个目标，为自己做明确的人生定位。

那么什么叫“人生定位”呢？简单来说，人生定位就是为自己的能力发挥指明一个正确的方向。要经常地问自己，我的性格是怎样的呢？我适合在哪种领域内发挥？我适合的工作是什么？

在为自己做人生定位之前，我们要做的首先是保持清醒，保持正确的判断力，了解自身的性格、能力等，避免陷入到迷茫中去。我们要清楚自己究竟是谁，自己所追求的到底是什么。搞清楚这个问题，就已经完成了人生定位的第一步。

除了了解自我、认清自我之外，我们还要清楚社会，认清自己在这个社会中所处的位置。这里所说的“位置”，并不是指我们在工作环境中的职位。而是要把自己放到一个宏观的社会环境中，即在整个社会中，自己是怎样的一个地位。然后我们再以目前所处的地位为基础，为自己做一个更高层面的定位，并为之而努力。

当然，我们并不是说，一个人为自己做了准确的人生定位后就会一下实现自己的目标；我们也并不是说让一个人盲目地为自己制定一个高不可及的定位。我们所说的定位，是指在正确地认识自我之后，找到应该属于自己的位置，为自己客观地、踏实地确立一个可实现目标。

正确的人生定位，让我们觉得每天所做的事情都是值得的，都是自己想要去做的，只有心里觉得值得，我们才会用心去做，才有可能做好。

人只有找到适合自己的位置，才能够实现自己的人生价值；价值一步步得以实现的时候，我们的潜能才能逐步激发出来。如何为自己做明确的人生定位？怎样选择自己认为值得做的事情呢？

一般而言，一个自己认为值得的、适合自己的工作往往要满足三个条件。

第一个条件就是工作本身要符合自己的个性。我们并不能够断言说哪一种工作类型一定是好的，因为人和人的性格本身就有差距，所以最好的办法就是寻找一个同自己性格相符合的工作，这样人们才能够全心全意地做好这份工作。

第二个条件就是自己“能够”做这份工作。想满足这个条件，我们就需要对自己的能力有一个认识，既不能太过高估自己，也不能太过低估自己。过于高估自己的话，我们在做事的时候就会觉得力不从心，难以将工作做好，慢慢地我们就会讨厌自己所做的事情。一旦有了厌倦的心理，工作就难以进行了。如果过于低估自己，我们做事的时候难以完全发挥自己的实力，那么我们当然会觉得自己大材小用，手头的工作是自己不值得做的。

第三个条件就是自己能够做“好”这份工作。相信很多人都有这个感觉，某件事情他能够做，但是要想做好非常困难。如果将一件事情做得非常含糊，我们内心就难以生出满足感，时间久了，也会产生厌烦心理。所以我们说，要选择自己能够做“好”的工作，这样才会让我们越做越有激情，越做越想做。

很多人都说人生如棋。其实，人生与棋局除了这一点相似之处之外，还有很大的区别。因为人是有感情的，棋子则没有。棋子放在哪里，就在哪里起作用。人则不一样，一个人如果站在不适合自己的地方，内心就会产生严重的厌倦感和无力感，很多时候不仅起不到作用，还会有负面的影响。

所以，我们一定要做正确的人生定位，把自己放在最适合自己的位置上，放在自己想要存在的地方。很多事情都是这样，只有你想做，你才有可能做好。

将目标切小，能增强实现的信心

没有目标的人，没有积极进取的动力。但空有远大的目标，却不懂得把大目标细化，切成小块的人，有可能会被遥不可及的目标拖累。有的人努力了一阵子之后，发现目标仍旧遥远，内心就会觉得非常失望，认为自己不可能完成。这种失望和自卑的心理非常有害，很多人都是被渺远的目标吓怕，倒在了通往目标的道路上。

那么，怎样不懈地走向目标，获得成功呢？答案就是把目标切小。目标切小之后，你会觉得眼前的目标不难实现，会感到自己在一步步接近目标，你的内心就会充满喜悦。另外，一个又一个阶段性的成功也能够培养自己的信心，给自己补充动力。

1984年，在东京国际马拉松邀请赛中，实力和名声都不突出的日本选手山田本一夺得了世界冠军，很多人都觉得很惊讶。当记者问他取得胜利的秘诀的时候，他说了这么一句话：我是凭智慧战胜别人的。

对于这样的回答，很多人不以为然，他们都觉得这个小伙子只是偶然取得了好成绩。马拉松赛是体力和耐力的运动，只要身体素质好，耐力又佳，就有夺冠的希望。你要说自己爆发力好，速度保持得好还说得过去，你说“用智慧取胜”确实有点勉强。

两年后，山田本一又一次获得了马拉松冠军，这一次是意大利国际马拉松邀请赛。这时候，人们不再认为他的胜利是偶然的，纷纷让他谈谈自己的成功经验。

山田本一回答的仍是上次那句话：靠着智慧取胜。不同的是，这次他详细解释了自己的“智慧”。

山田本一说：“我每次比赛之前，都要乘车仔细看一遍比赛的线路，然后确定一个个标志，比如说这次，我确定的第一个标志是银行；第二个标志是一棵大树；第三个标志是一座红房子……这样，我一直标到赛程的终点。比赛开始后，我像其他人一样控制节奏，保持体力。等到我感到疲惫的时候，其他人也放慢了速度。这时候，我到达了我之前确定的标志的位置，我知道往前还有一个标志，于是我把那个标志当作是第一个目标，到达第一个目标之后，我又向第二个目标进发。40多公里的赛程，我是分段完成的，我完成每一段的时候，都知道自己离终点更近了，我就充满力量。”

没有目标的人，是盲目的，但有了宏伟的目标却不懂得将长期目标科学合理地划分为阶段性的目标的人，一样是盲目的。你一定听过这样的话，“五年后，我要有车有房”“十年后，我要有自己的公司”“二十年后，我要成为亿万富翁”……这些愿望，很多人都想过，但能实现的却寥寥无几。为什么会这样，因为大多数人完全把目光放在了这些长远目标本身上，而没有把它转化为一段段的小目标。

看起来宏伟的长期目标，往往让人招架不住。不说十年，二十年，就是五年在某种程度上来说，也不是个很短的时间。目标刚刚树立的时候，这个人自然热情高涨，但光凭伟大的目标作为激励，热情不能落到实处，慢慢消退也是必然的。相反，要是能把目标具体成一个个中短目标，人们就会觉得它实现起来并不很难，也就能更快地行动起来。如果能在特定的时间达成短目标，就能积攒出更多的成就感和经验。如此一来，在进行下一个目标的时候就更有信心，动力也会更强。

麦加芬曾是世界轻量级拳王，而他的授业恩师则是美国著名的拳击运动教练哈利斯。哈利斯训练麦加芬的方法成为麦加芬取得成功的重要因素，而这个方法的目的就是让麦加芬在自信中成长。

哈利斯认为怎样选择麦加芬的对手，是让麦加芬取得成功的关键。他让麦加芬先和比较容易战胜的对手较量，这样一个个下去，每次挑选对手，都不会使他取胜过于艰难，这样有利于他自信心的培养。但每次总会让对手的水平与前面的那个相比要提高一些，这样麦加芬的每一次取胜比上一次都要难一点，但是，麦加芬总是能够感受到进步和胜利带给自己的信心。

他使麦加芬进步的速度并不快，但他从不让麦加芬停滞不前。他不选择能够让麦加芬轻易取胜的对手，因为这样会让麦加芬过于自负。他也从不选择麦加芬绝对不能战胜的对手，因为这样会摧毁麦加芬的自信。就这样，麦加芬在自信中稳步地成长，一直到这个世界上再也没有人能在擂台上击败他。

这种方法循序渐进，可行性强，不管是想培养好的拳手，还是好的律师，还是其他的行业，都不失为一条不错的方法。也许你也注意到了这条路的缺陷，那就是需要时间，很难会有立竿见影的效果，但罗马不是一天建成的，企图一口气吃成个胖子是绝对不可能完成的任务。先选择一项难度较小的事情，然后把难度再慢慢加大，这样一步一步地做下去，自信的能量就会不断地增加。

一个目标就算看起来再怎么庞大，只要分割成小的，一步一步走下去，总能达成。而且小目标因为容易实现，也会让人更有动力。除此之外，当这些小目标达成的时候，我们的信心会不断加强，我们的热情会不断高涨，成就感会越来越大，动力自然也会越来越强。如此，形成一个好的循环，我们的梦想也更容易实现。

戒骄戒躁：欲速则不达

人生短暂，多数人都希望早日实现自己的理想，早日获得成功。这种急切的心理是可以理解的，但是，有的事情急不得，欲速则不达，急切焦躁的心理反而可能成为你的阻碍。

很多人在追求目标的道路上，希望可以寻找到捷径，希望可以速成。于是，在人生的追逐中，他们把捷径当成自己的首选。许多人在畅想自己的事业时会情不自禁地想：如遇到贵人相助，或是有背景有靠山，有一个绝好的机会可以一步登天，那该多好啊！这种想法可以理解，当你轻松地获得更高的职位的时候，你并没有积累应有的经验和知识，假如遇到新的问题，或者更加惨烈的竞争你就不会拿出相应的解决办法。

如同学生在做题目，得出答案可以有很多方法，有的学生看到题目，总是想用最快的办法做出来。在询问其他同学的时候他们会请求对方将最简便的办法教给自己，从而更快完成任务。但是，多数时候题目的用意是在帮助学生掌握知识要点，通过捷径做出来就达不到这样的目的，难以获得进步。

意大利登山家莱因霍尔德·梅斯纳尔成就斐然，被誉为“登山皇帝”，他征服过14座8000米以上的山峰。1978年，霍尔德在没有携带任何氧气设备的情况下，登上了珠穆朗玛峰，创造了前无古人的契机。

众所周知，人类在高海拔地带的时候，会产生明显的生理反应。这种情况下如果不接受治疗，就可能会死亡。霍尔德在不带任何氧气设备的情况下登上8000米以上的高峰，真是难以置信。

登山成功之后，很多人都对霍尔德的身体素质和登山方式非常好奇。有的人认为他的身体和普通人不一样。不过，一位瑞士医生对霍尔德进行了体质检测，结果显示，霍尔德的生理机能并没有什么特别之处。那么，他一定是有自己独特的登山技巧了！

后来，在接受采访的时候，霍尔德透露了自己登山的秘诀，那就是每一步都脚踏实地，靠自己的力量走完全程。原来，很多登山者想要登上几千米的高峰时，都会先乘坐直升机到达山前的大本营，在他们看来，这么做可以保存体力，让自己的能量最大限度地用到最后的登顶上面。霍尔德却不这么做，他总是自己走到大本营。他说："虽然乘坐直升机到达大本营可以节省一部分体力，可以更快，但是这对于登山者的身体机能的调节非常不利，登山者以极快的速度到达海拔很高的大本营，身体机能就难以适应，这也是很多登山者失败的原因。"

霍尔德每次登山，都是自己徒步行进到大本营中，而在这个过程中，他的身体与山周围的环境不断磨合，等到了大本营的时候，他的身体已经能够和高海拔的环境相适应了。再往上走，身体承受能力就会更强。

确实，欲速则不达。霍尔德选择了一种看似愚笨的方法，其实是给了自己身体以适应的时间。我们追求目标的时候，就像是登山一样，步步为营，能够给内心以适应的时间。等到内心足够强大，我们就有了登顶的实力。

现代社会讲求效率，总是想在最短的时间内完成某个任务。正是由于这种浮躁的心态，几乎每个人都会犯急于求成的毛病，都希望能够找到最快速、最省心省力处理好事务的方法，于是，挖空心思寻找捷径。可是，白费一番力气之后才发现：踏踏实实、按部就班就是最省心省力的方法。

李江在一家电子产品公司的人力资源部工作，工作效率很高，很受领导喜爱。随着公司规模的扩大，部门的增多，公司原来的规章制度已

经不再适合了。于是，公司领导决定重新制订一套完善的适应公司长期发展需求的管理章程。这项任务自然是人力资源部的分内之事，部门主管让李江主要负责。

在与自己的同事探讨之后，李江发现这是一项繁杂、庞大的工作任务。他灵机一动，想出了一个“快速而高效”的方法。那就是由公司各部门自行制订适合自己部门的管理制度和规则，然后李江再和同事们将这些制度规则进行整合。李江觉得自己的想法太天才了，他马上向各个部门做了通知，然后就放心地做其他事情了。

两周之后，其他部门在李江的不断催促下将草稿交了上来。正当李江志得意满地想整合时，却发现这些草稿根本不能用，几乎所有部门提交的都是从网络上下载下来的，而且相互抄袭，与本公司的实际情况完全不符。这时候，离任务完成只剩下一周多了，李江与自己的两个同事夜以继日才将新的制度完成。结果领导看了还不是很满意，开始质疑李江的业务能力。

耍小聪明，又想好又想巧，到头来只会发现所谓的“捷径”往往需要付出更多的时间和精力。所以，我们在做事的时候，要养成踏踏实实、勤勤恳恳的态度，一步一个脚印。

欲速则不达，大到人生目标的实现，小到日常工作的处理，我们都不要寻求捷径。因为一步步走向成功的过程，其实也是我们的内心慢慢变得成熟的过程。成熟沉稳的内心，才配得上傲人的成就。

| 第四章 |

不设限的人生才精彩

——你的潜力超乎想象

你真的全力以赴了吗

一个猎人带着猎狗去打猎。

猎人击中兔子的后腿，受伤的兔子拼命地奔跑，猎狗也是飞奔去追赶。可是兔子不见了，猎狗空手而归，猎人开始训斥。猎狗很不服气："我尽力而为了呀。"

兔子带伤跑回洞里，它的兄弟们都围过来惊讶地问它："那只猎狗很凶呀！你又带了伤，怎么跑得过它的？"

兔子回答："它是尽力而为，我是全力以赴呀！它没追上我，最多挨一顿骂，而我若不全力地跑我就没命了呀！"

人的潜能无穷，可是能够发挥出来的并不多，这是因为我们心里为自己留下了后路，留下了泄气的出口。当有了退路之后，我们就难以尽力。很多人失败或者陷入窘境的时候，往往喜欢给自己开脱，"我明明已经尽力了啊，为什么没有成功，可能是因为运气不好，可能是因为世事无常"。事实上，尽力而为是远远不够的，要学会搏上一切，有了这样的勇气，才能充分发挥自己的能力。

恺撒大帝是罗马共和国末期一位独裁者，他曾担任过财务官、祭司长、大法官、执政官、监察官等职务。公元前60年，任职高卢总督后，恺撒率军先后向法国、日耳曼、不列颠进军。公元前49年，恺撒击败庞培，进占罗马。同年，恺撒独揽大权，统治了罗马。

恺撒战功显著，是一位杰出的军事将领，这要追溯到他担任独裁统治者之前。恺撒善于用兵，经常能出奇制胜，因此长官非常器重他。一次，恺撒接到长官的指令，要求他前去英国，拿下英伦诸岛。当时，英伦诸岛上的居民普遍是格鲁沙克逊人。恺撒向来雷厉风行，很快就整顿队伍出发。与往常相比，此次长官派给恺撒的部队人数少得可怜，最初恺撒并没有意识到这一点，直至军队出发前。更糟糕的是，经过检验，恺撒觉察到部队的武器装备也非常陈旧。在旁人看来，这样的部队战斗力不强，士气低落，士兵们根本没有作战的勇气，更不用说攻占英伦诸岛了。然而，事实并非如此。

面对一支不堪一击的部队，恺撒毫不犹豫，毅然决然地与士兵上了战舰，向着英伦诸岛进发。在战舰航行途中，恺撒召集亲信，请求他们在抵达目的地后火烧战舰，以便成功攻克英伦诸岛。后来，恺撒站在甲板上瞭望大海，看着惊涛骇浪，更坚定了自己火烧战舰的想法。经过数日的航行，舰队顺利抵达了英伦诸岛。待士兵们尽数下船上岸后，恺撒的亲信们如约火烧战舰。看着熊熊燃烧的大火，想象着即将化为灰烬的战舰，士兵们顿时慌了神。这时，恺撒却气定神闲，一副成竹在胸的样子。看着不知所措的士兵们，恺撒认为训话的时机已经成熟了，他说："烈火过后，战舰将化为灰烬。现在，摆在你们面前的有两条路：一条路通向大海，一条路指向故土。在武器落后的情况下，倘若你们消极应战，必将给敌人以可乘之机，毫无退路的你们最终只能葬身大海；如果你们斗志昂扬，义无反顾，拼死一搏，或许有生还的机会，最终还可以与家人团聚。你们想走哪条路，自己选择吧。”

听罢，士兵们异口同声地说：“我们拼了。”在与格鲁沙克逊人的征战中，恺撒的部下个个都如同下山的猛虎，奋勇杀敌。最后，在恺撒的指挥下，士兵们战胜了强敌，成功拿下了英伦诸岛。

在寡不敌众的情况下，恺撒指派亲信火烧战舰，以此鼓舞了众士兵们的士气，最终取得了战争的胜利。同时，这场战争为恺撒日后独揽大权奠定了坚实的基础。

香港首富李嘉诚说：“既搏命，更是斗智斗勇。倘若连这点勇气都没有，谈何在商场立脚，超越置地？”李嘉诚正是凭借这股自强不息、勇于开拓的精神，凭借着全力以赴破釜沉舟的韧性，白手起家，30 岁便成为千万富翁。

每一个成功人士的背后往往都有血和泪的教训，李嘉诚并非真正是人们口中打不倒的超人，在他的个人奋斗史中，时刻都准备着经历一道道漩流湍急的险滩，但是他一直保持着全力以赴的姿势，用二百分的力量去面对一切磨难，将这一切困境踩在脚下当作攀缘更加辉煌的顶峰的垫脚石。尽力而为只能给你得过且过的小日子，而要想成功，就必须全力以赴。

梁琳琳是一个坐不住的女孩儿，兴趣爱好广泛，直到毕业两年了，还是没有人生的奋斗目标。梁琳琳喜欢音乐，喜欢骑车，喜欢摄影，喜欢设计，喜欢写作，于是在毕业后的两年，先在广告设计公司做过策划，后来发现策划太麻烦；然后在图书发行中心做过编辑，后来觉得太费脑子，做不下去；然后去做钢琴家教，觉得小孩子实在是顽皮……虽然尝试过很多工作，可是每一份工作都是遇到点困难就退却了，别说全力以赴了，就算尽力而为都很难说，所以她总是在一个岗位上待不了多久就想着跳槽。于是，没有丰富工作经验的她总是在新的公司从试用期做起，薪水也少得可怜。

这不，最近，她又要办辞职手续，打算去广州发展。朋友问她：“那么这次你去广州准备找什么工作？”“这个我还没有想好呢，但我想找一个待遇好点的工作，总之，我要离开这个破公司。”

一旦有了不满意的地方就换公司，此处不留人，自有留人处，这种心态在现实生活中不乏其例。其实他们并不清楚，之所以没有做好，是因为自己给自己留了退路，既然可以知难而退，就不会有勇气坚持。

因此，如果不想浑浑噩噩过一辈子，那么，从现在开始就对你的工作全力以赴吧。吉格勒定理指的是：“设立一个高目标就等于达到了目标的一部分。”想事业成功，就要为自己设定目标。在你设立目标的同时，一定不能忘了为你的目标设定一个期限。如果你的目标是写一本书，并给自己定一个期限，比如一年，或者两年三年，那么你就会按照这个期限来约束自己，在规定的时间内完成任务。

当然，要想让自己全力以赴奋起搏击，最重要的还是付诸行动。我们不再是小孩，没有实际行动的目标只能是一个空想，每天进步一点点，如果你有一百分的力量去应对问题，不妨拿出二百分的诚意来，那么你的目标会超额完成，成功也离你不远了。

比尔·盖茨说：“最美好的财富人生始于个人敢于行动的气魄。”是的，如果你有梦想，行动是唯一实现梦想的途径。而有时候要想获得成功，仅有行动，仅有努力是不够的，有时候，困难并不是你想象当中的那样简单，前途并非像你奢望的那样光明，那么取得成功，往往需要你百分之二百的努力。

很多人在行动之前，早已想好了遭遇困境时如何退却的路。殊不知，这时个人的意志力常常遭到扼杀，等待他们的只能是失败。无论是成就个人事业，还是创造一番伟业，个人都需要以强大的意志力为后盾，而断绝后路往往能激发个人潜在的意志力，从而使人生达到不一样的高度。

不要给自己设限

科学家们曾做过这样的实验，他们把一只平常可以跳跃超过30厘米的跳蚤放在一个透明的玻璃箱中，而这个玻璃箱的高度却只有15厘米。也就是说，这只跳蚤不能够按照自己正常的跳跃能力跳高。实验开始的时候，这只跳蚤一直尽力往上跳，结果总是撞到箱顶。过了一会儿，这只跳蚤跳得越来越低，总是保持在15厘米以下，防止自己撞到箱顶。又过了一段时间，科学家把玻璃箱的盖子去掉了。这只跳蚤如果尽力一跳，完全可以跳出箱子，可是，它没有跳出来，它仍旧会不时跳一下，但每一下都不超过15厘米。

跳蚤的跳跃能力减退了吗？没有，它只是自己限制了自己的能力而已。现实中，很多人和实验中的跳蚤一样，本来有能力，但是在经过碰壁和失败之后，给自己设置了心理限制，束缚了自己的能力。

实际上，人的潜能是无限的。柏拉图曾说："人类可以掌握的知识是无限的，相应的，人类自身所蕴含的潜能也是无限的。"确实，人类可以发挥的潜能是永无止境的。曾经有科学研究表明，人类的大脑只开发了5%～10%，而有高达90%的大脑尚没有被开发完全。多么令人惊叹！这么多的潜能却没有被开发出来，为什么呢？一个很重要的原因就是人们给自己设定了限制，让自己无法完全发挥自己的能力。

一些不经常跑步的人，你让他跑1000米，一般他跑到500米就会出现腿脚酸软，上气不接下气的情况，很多人在这个时候就会说"我不行了""我没力气了""我再也跑不动了。"

生活中，很多人都有动不动就跟自己说"我的极限到了"的毛病，但其实他的极限远没有到，所谓的极限，是他给自己设定的限制。一个经常说自己不行了的人，即使有再强的能力，也经不住这种想法的侵蚀，心理上没有了前进的动力，自然就没有力气完成了。相反，那些不肯给自己设限的人，通常能够走得更远，因为他不管遇到多大的困难，都会坚持不懈地奋战到最后一刻。

心有多大，舞台就有多大。同样的道理，心理设置了限制，能力也就无法完全施展。有些人工作老是做不好，就跟自己说，“我实在是没能力做了”。接着他会更加不把现在的工作放在心上，他会出更多的错，他会更加没有信心，甚至自己都会看不起自己。但实际上，如果他能坚持下去，往往会发现曾经以为的艰难，根本没什么难的。

1954 年之前，世界上有很多人体研究专家都反复证明一件事，那就是人类不可能在 4 分钟内跑完一英里。之所以会有这样的极限，是由于人类的骨骼肌肉的限制，这是任何人做任何努力都无法改变的。因为论证这个结论的人大都是权威科学家，多疑的人们相信了这个理论，很长时间都没有人尝试着打破这个纪录。

然而，当历史的车轮转到 1954 年的时候，罗杰·班尼斯特突破了这个极限。

当时，罗杰·班尼斯特从一条细煤渣道上起跑的时候，大约一千名观众在场，他们见证了这个历史性的时刻。罗杰·班尼斯特跑完了一英里，用时 3 分 59 秒 4，他跑进了 4 分钟以内，“人类的极限”这个说法成了一个笑话。

直到现在，这个纪录不断被人刷新，但是，班尼斯特那次跑步仍然被认为是 20 世纪田径运动的重大成就之一。

班尼斯特之所以能成功，就是因为他不给自己设定极限，所以才能打破体能的极限。当人们的心理限制被取消之后，更多人跑进了 4 分钟。在班尼斯特打破这一极限后的第 6 个礼拜，澳大利亚的一个运动员就以 3 分 58 秒创新了纪录。同年共有 37 名运动员低于 4 分跑完 1 英里。到了 1955 年，总共有 300 多人打破了这个纪录。以后有更多的人打破了它，不过已经再也没有人去计算了。为什么班尼斯特之前一直没有人打破这一纪录，而班尼斯特之后就有那么多人打破了呢？原因就在于，这些运动员被科学家的报告限制住了自己的潜能，他们起跑之前，就已经告诉自己极限在那儿了。但之后，他们看到有人做得到，才相信自己也能做到。

回想一下你的过去，有没有什么时候，你觉得自己已经到了极限，熬不住了呢？但事实证明它们都不是你的极限。所以当你遇到困难的时候，不要说“我实在没有那个能力”，而要说“我的极限可不在这儿”。

每个人都有获得成功的潜能，但只有全力以赴，才能将这种潜能挖掘出来。一遇到难题就退，认为自己能力有限，那你就只能故步自封，被自己限制在那里。在前进的路上，千万不要轻易给自己设定极限，对自己说那些消极泄气的话。只有那些相信自己潜能无限，敢于挑战的人，才能激发内心的全部力量，取得令人难以置信的成就。

遵从内心的指引，释放压抑的能量

科学研究表明，世界上大部分人只会拿出一小部分能量去做事，而更多的能量则都在不知不觉中无形地消耗掉了。之所以会这样，是因为人们总是会违背内心的真实想法，去做一些自己不喜欢的事情，而这种行为会很大程度地限制住自身的能力。一般来说，当一个人违背了自己的潜意识和内在的欲望时，他的生活就将变得痛苦而绝望。一个人想要获得积极性意识，想要解除能力的限制，最大的前提条件就是要遵从自己潜意识中的想法，也就是说，要遵从自己内心的指引。

人之所以会违背自己的内心，大都是因为受到了别人的干扰，盲目地羡慕别人，跟随所谓的成功者。在日常生活中，很多人都有攀比心理，会不由自主地去羡慕他人所拥有的东西。比如说，羡慕别人的工作环境；羡慕别人的薪资待遇；羡慕别人的房子；羡慕别人的名车；羡慕别人的女友；羡慕别人的家世等。这种羡慕有些时候会极端化，变成嫉妒。其实这种心态非常不利于自身发展，如果长久地发展下去甚至还会影响到自己的精神世界。

人类总是喜欢互相羡慕。有的人就总是幻想，如果有一天我成为某某一样有钱的人该多好啊。于是人们开始争相模仿——模仿自己所羡慕的那些成功人士。但其实，人们自身有很多东西是他人无法模仿的，所以那些喜欢模仿成功者的人到最后也都是以失败告终的。可能有人会问，为什么我已经尽力地去模仿那些成功者了还是会失败？成功者之所以会成功，他走的道路是完全符合自身条件的。而后来的模仿者则不同，他们只注重外部的模仿，而忽略了这条道路本身是否与自己自身的条件相符合，所以他们才会失败。一般而言，当一个人因为羡慕别人而努力地去模仿时，他就会逼自己走上一条不适合自己的路，就会频遭打击。久而久之，他就会产生很多负面情绪，变得怨天尤人，难以清晰地定位自己，把力量浪费在不必要的地方。

人类天生就是攀比心理非常强的动物，总是会不自觉地拿自己和他人做比较。最后的结果正好应了中国的那句俗话“人比人死，货比货扔”。很多人都不清楚自己心中究竟需要的是什么，只是盲目地去参加各种培训，希望能够尽可能多地掌握知识，好在工作中获得上司良好的评价。其实这些培训和所谓“良好的评价”并不是最重要的东西，如果一个人不能遵从内心的真实想法，释放出自己内心的力量，那么他始终都会停留在一个狭小的范围里无法成长。这样的人就像是捆着双脚参加百米赛跑的人，也许一开始他们可以勉强起跑，但他们迟早会被脚上的绳子绊倒。最悲哀的是，有些人已经被绳子绊倒了，他们还固执地以为是自己的体力不足才会摔倒的。其实，要想跑得更快非常简单，他们只需要解开绳子就可以了。

在生活中，有很多人都像是捆住双脚赛跑的竞赛者一样，明明自身有无穷的力量和精神，却总是发挥不出原本的实力。这是因为人们的内心被限制住了。一旦人们的内心被限制住，那么自己的潜能也会随之陷入到休眠状态中去。有很多人都是这样，自己限制了内心，无视了内心的指引。这样做不但令他们的才能无法施展，还会让他们一直处在焦虑和困惑的心理状态中。也许有一天他们会想清楚这个问题，但往往想清楚的时候，人生的黄金阶段已经过去，再也没有重新再来的机会了。

要想摆脱这种境况并不困难，只要冷静下来，仔细地倾听自己的内心，很容易就可以摆脱这种束缚，释放出自己的能量。

那么我们要如何遵从内心的指引呢？

首先是直视心中向往的目标。当一个人产生了个不错的想法，就一定要努力尝试去实现它，即使这个目标看起来不太现实，我们也要去做。有很多人都觉得自己的内心想法太过脱离实际，所以他们总是违背自己的内心，小心谨慎地选择一个看起来非常容易实现的理想。但其实这种行为只能给人一种卑微和无能的感觉。相反，如果一个人面对理想时，不断地提醒着自己：有朝一日一定会实现理想，哪怕要付出很大的代价也在所不惜。只有敢于为自己设定目标，才能激发出体内巨大的潜能。

其次就是在选择自己工作的方面，尽量选择自己喜欢的行业。因为这样更容易激发出自己的能量。遵从内心的指引，直视自己潜意识中的兴趣，然后按照这个兴趣来选择自己的行业，会对自己的发展非常有利。因为即使这个行业非常冷门，想成功非常的困难，但只要是内心真正想要的，人们在实现的过程中就会逐渐地激发出自己的能量。这要比在憋闷的岗位上打发无聊时间要好得多。

很多人总是会将错误推到别人身上。比如某个人就总会感叹，当时做了这样的选择完全是受了别人的影响。其实一个真正遵从自己内心指引的人是完全不会受他人影响和左右的，能影响自己的也只有自己而已。如果人们能够静下心来遵从自己内心的指引，又怎么会轻易地受别人影响？所以我们在面临抉择时，请静下心来，仔细感受自己的心灵，因为只有遵从了自己的内心选择，才不会在最后让自己后悔。

在生活和工作中，我们都是命运的主人，而内心则是自己的主人。所以我们不要盲目地模仿别人，更不要在面临选择时畏首畏尾，因为这样只会让你变得平庸。当一个人开始遵从内心的指引时，会觉得自己心中的烦闷瞬间被抛到了九霄云外，而自己曾经期待的那些积极能量正在成倍地增长。所以不管我们的内心确定了什么，都要去遵从内心的指引，努力地将之变为现实。只有这样，我们的能量才能被最大限度地释放出来，我们的人生也会真正地变得多姿多彩，美好愿望也会最终得以实现。

竞争和压力激发潜能

所谓“潜能”，是指人体蕴含的潜在能量，它是一种非常抽象的能量。一般而言，潜能是指一个人在身体、心理等方面存在的一种发展空间。因为每个人的遗传基因和生长经历不同，所以说每个人所具有的潜能也是不同的。科学上经常说的“开发潜能”就是指利用一些手段将人类本来就具备的能力诱导出来，然后增强人类接收和掌握新知识的能力。一般来说，最常用的激发潜能的办法就是外界的刺激，以竞争和压力激发人的潜能。

虽然危险可怕，但是跟危险一样可怕的还有人精神上的放松和大意。人如果放松了，在安逸的环境中就会慢慢麻木，能力也会退化。而竞争和压力不仅可以使人在意识上重视某件事，还能增加人奋进的动力，激发人的潜能，从而使个人取得进步。

达尔文《进化论》的核心思想就是“物竞天择，适者生存”，整个世界就是在优胜劣汰中向前发展。实际上，竞争不仅是这个世界的生存法则，也是万物发展的动力源。一个不必面临生存竞争的种群，进化的速度必然会放慢，因为它们不必变得更快或者更机敏；一个巅峰寂寞的武学大师，也必然会失去潜

心习武的热情，因为没有像样的对手能够激发自己的斗志；一个生活在安乐窝的人，也相应地缺乏奋发向上的动力，因为他觉得已经没有人会像自己一样完美无缺。所以，我们说，竞争是残酷的，但也是必要的。

曾经有一位牧羊人，他发现自己养的羊都非常孱弱，甚至有的母羊生下的小羊羔连站立都成问题，他曾经试过各种办法来解决这个问题，什么增加牧草的质量、增加营养，为羊群打防疫针等，但这种状况仍然没有起色。同样是牧羊人，他隔壁的农户既没有他那样好的牧草，也没有像他那样大的牧场，但农户的羊群却比他养的羊群壮硕得多。牧羊人感到非常诧异，决定偷偷观察一下农户的饲养方法。

到了第二天早上，牧羊人去拜访了这位农夫，并说明了来意。这位农夫非常乐意为牧羊人解惑，所以邀请他一起去放牧，牧羊人开心地答应了。到了山上，牧羊人发现农夫只是将羊群赶到山坡上就坐在石头上抽起烟来，牧羊人非常惊讶，于是他问道："你就这样放牧么？如果羊群走丢了怎么办？如果狼来了怎么办？"农夫憨厚地笑了笑说："不然呢？羊群有头羊，自己会找到家，如果狼来了就跑呗。"牧羊人豁然开朗，在拜谢过农夫之后回到了家中。

为什么牧羊人的羊群要比农夫的孱弱那么多呢？因为牧羊人给羊提供的环境实在是太好了，羊群不必再为了自己的生命担忧，所以它们的精神就开始放松。久而久之，由于缺乏紧张感，羊群的体质自然会开始变弱。而农夫则不同，他虽然没有良好的环境，没有优质的草料，但他让羊群保持了逃跑的天性，由于羊群在野外放牧既要吃草又要随时注意自己的周围，所以它们的精神时刻都是保持紧张状态的，一旦有什么风吹草动，它们就会立刻逃走，所以自然解决了羊群身体孱弱的问题。其实农夫运用的方法非常简单，无非就是通过外部的刺激来让羊群保持精神的高度集中，继而释放出羊群自己的潜能而已。

对于人而言，道理是一样的。人们常常抱怨这个社会，抱怨这个世界，说这个社会埋没人才，或是说一些什么“千里马常有而伯乐不常有”之类的话。其实仔细想一想，这个社会是公平的，一般自己的才能遭到埋没，多半是因为人们自身的原因。懒惰、安于现状、不思进取等这类自我埋没的现象在当今社会屡见不鲜。如果我们能经常利用外界的刺激来激发自己的潜能，那我们在做事时就会多一分干劲和毅力，事情自然也会被更顺利地完成。比如北京、上海、广东等一线城市，工作中竞争激烈，生活上消费压力大。然而，即便如此，还是有源源不断的人涌到这个城市，他们并没有被这种压力打垮，而是在更大程度上发挥了自己的潜能，在压力下证明着自己，实现着自己的价值。

压力和危机之下，我们的胆识也会随之而成长起来。最后，刺激、潜能、干劲、毅力、信心、胆识将会形成一个良性的循环，便于我们发挥自身的才能。

1960年的美国总统大选，约翰·肯尼迪和里查·尼克森是竞争对手，在他们准备进行一场全国的电视辩论前，很多政治分析家都不看好肯尼迪，因为他太年轻了，没有什么名气，说话的时候波士顿口信很重。这些缺陷都非常致命，所以，大家认为最后的胜利应该是属于尼克森。

电视辩论赛开始了，人们看到肯尼迪在电视上，说话虽然有点口音，但是铿锵有力，富有激情，他的脸上自始至终一直洋溢着自信的光彩。再看看他旁边的尼克森，他看上去一脸的风霜，显得十分紧张，极不自在。据说正是由于这次辩论而改变了许多人的看法，肯尼迪向美国大众成功地展示了自己。

电视辩论是总统展示自身才华以及应变能力的机会，候选人能否充分利用这个机会展示自己，是其能否击败对手的关键。肯尼迪由于出色的表现，在竞争中毫不胆怯，比对手激情更足，气势更强，把压力甩给了对手，从而最终赢得了胜利。

我们都明白，两个人争夺一件东西或是争论一个问题的时候，总是会不遗余力地展现自己的优势，试图超过对方，这种心理就是我们提升自我的动力。

要相信自己，你不是没有竞争力，而是你自己刻意地掩盖了自己的好胜心和斗志。唤醒潜藏在你身体里的竞争精神，然后果断地跟随它大步前进。不要说自己天生就不具备竞争精神，有时候后天的努力和勤奋可以改变任何事情。有好胜心并不是坏事，适当的求胜欲望是达到一切目标的动力。一个人，一个企业，都是只有在竞争的环境中敢于竞争，适应竞争，才能在竞争中脱颖而出。

不要把命运的主动权交给别人

在这个世界上，每个人对待事情的心态都是不同的，表现出来的状态、发挥出来的潜能也会因为心态的不同而千差万别。

每个人都是渴望发挥自己的潜能，渴望获取成功的。但当我们遇到一些非常困难或是棘手的事情时，就会陷入一个被动的局面之中。有很多人在这个时候都会产生退缩或是逃避的心理，这是十分正常的事。在陷入被动局面时，我们以怎样的心态去面对这种被动局面就成了最关键的事情。

一个人若能积极主动地面对命运，他就会变得底气十足，可以最大限度地发挥自己的能力，最终问题自然会得到解决；而如果一个人一旦遇到了困难和挫折，就抱着一种“不可能”的态度，那他会因为自身缺乏底气而变得收缩、变得弱小，即使遇到的困难没有想象中的那么大，他也会有一种无力感。

三国时期，刘备死后，刘后主便将大权尽数交于诸葛亮手中。无论大事小事都要诸葛亮决断后才会具体实施。有一次，诸葛亮正在祁山和司马懿对决，忽然传令兵急匆匆地来报说，后主思念丞相，望速归。诸葛亮只能罢兵，再次退回蜀中。

回到蜀国之后，诸葛亮径直去见后主，询问他为何事忧虑。后主说："蜀中百姓饥饿，是否要减轻税赋？相父不在，朕甚难决断啊。"刘后主这一句话直接把诸葛亮气得吐了一口鲜血。这件事只是刘禅君王生活的一个缩影。

后世很多人都说，实际上蜀中真正的皇帝是诸葛亮，后主只不过是个傀儡而已，形容刘后主为"扶不起的阿斗"。

有的人或许会为刘禅辩解，说他处在一个群雄争霸的年代，强敌环伺，只能依靠诸葛亮。事实并非这样，诸葛亮病逝之后，刘禅仍旧没有一个君王的魄力，凡事仍是由谋士们做决定。作为三国鼎立时期的一国之君，刘禅基本上没有在历史上留下什么色彩。

刘禅之所以会这样，是因为他内心的软弱和消极，他习惯于把自己的命运交给别人去主宰，不去主动把握。跟着别人的节奏，亦步亦趋，心里的能量自然无法完全释放出来。

我们为什么要把自己命运的主动权交给别人？为什么不去掌控自己的命运？我们可以看看那些成功人士，他们从来都不会将主动权交托给他人，而是自己掌控命运，主动出击。所以他们才能够激发自己的潜力，超越自我，最终取得成功。

有很多人生来就十分随性，它们无论喜、怒、哀、乐都是自己情绪的真实反应，这样的人往往会更加接近成功。而有些人则不然，他们无论是开心还是快乐，都要看他人的眼色。换句话说，这样的人总是把自己的心理情绪建立在他人的行为之上。一个人如果无论开心和难过都要取决于他人，那么他就会无形中将人生的主动权交托给他人，而自己也会不自觉地受制于人，内心的能量也自然就无法自由地展开了。

我们可以换一个角度来理解这个问题。就拿做事情来说，如果一个人非常主动地去做一件事情，他就更加渴望做好，越渴望，越投入，就越能够发挥出潜能，自然也就非常容易突破。不断地遇到问题、解决问题的过程中，他就会产生出积极的心理，就会形成一个强大的能量场。

所以说，我们对待事情的态度和我们散发出来的能量是息息相关的。主动做事，精力就会更加集中，能量就会更足，效果也就更好。

如果一个人总是要别人安排事情才会被动地去做，就像是毛驴拉磨一样，必须皮鞭加身才能够前进，那么他就会越来越憎恨做事，情绪也会变得越来越消极。这个时候，他不但不会去想什么更高的目标，甚至连当前的事情都想要放弃。一旦人们产生了“放弃”的心理，即使潜能无限，在这种心理状态下也完全无法发挥。

主动的行动会激发人们潜在的创造力和影响力，而这种创造力和影响力会在无形中牵动周围的能量，建立起一个主动强大的能量场；而消极的行动会压抑住人体内在的这些能量，一旦自身的能量无法和外在的环境能量产生共鸣，个人的力量就会变得被动而弱小。

只有积极主动地把握自己的命运，我们才能引发体内积极的能量和外部环境能量相契合，才会不断地完善自我。也只有积极主动地行动，人们才能摆脱他人的束缚，把握人生的主动权。而这一切，正是成功者或是期望成功的人所应该具备的最为重要的一点。

人生就像是一部自导自演的电影一样，所有事情的结果都掌握在人们自己的手中，如果你不想成为别人眼中的“阿斗”，那就从改变自己做起吧！掌握自己的命运，把握人生主动权，你就会发现，整个世界都在自己脚下。

依赖心理要不得

每个人都存在依赖心理，这是因为我们幼年的时候无法照顾自己，必须依赖父母。但是，随着年龄的增长，我们应该慢慢学会独立，不再去依赖别人。很多人即使长大了，仍旧习惯于依赖父母或者亲戚朋友，无法戒除依赖心理，这对于个人成长有很大的负面影响。

过度的依赖心理是基于享乐心理而产生的，如果人不愿意劳动，就会想依靠别人，坐享其成。这种心理要不得，因为这样的心理会让人失去向上的动力，失去照顾自己的能力，一旦有一天无人可以依赖，生活也就无法继续，这时候，更不用提成功了。

在现实生活中，依赖心理较强、无法独立的人，很难完成自己的目标，很难取得大的成就。这类人什么事都想依靠别人，他们永远都在避免做出决定，生命中所有的决定都是由别人帮他们做出来的。缺少了他人的帮助，他们几乎无法在社会上生存。

生活中有一些人，他们虽然不把希望寄托在别人身上，却时时刻刻寄希望于神灵的庇佑和上天的眷顾。其实上天不会拯救我们，能拯救我们的，只有我们自己。我们要独立生存，要获得成功，就要学着离开别人的照顾，依靠自己。

下雨了，一个人没有带伞，淋得像落汤鸡一样。前方一个屋檐，他就跑过去避雨。这时候，他看见雨中走着一个人，仔细一看，竟然是观世音菩萨。这人大声呼喊："大慈大悲的观世音菩萨啊，雨太大了，你能不能帮帮我？"

观世音看看他，淡淡地说："你在檐下，檐下又无雨，我没有必要帮你。"

这人听了之后，马上跳入雨中，一边擦脸上的雨水一边说："这下我在雨中了，你总该想办法帮我了吧？”

观世音回答：“你我都在雨中，我之所以没有淋雨是因为我有伞，你也应该找一把伞，而不是找我。”说完，观世音头也不回地走了。

过了一段时间，这人遇到了困难，到观音庙里去求观世音。他走进庙里，发现已经有一个人在那里拜观世音了。

这人非常奇怪，走上去看，发现跪着的人就是观世音本人。他诧异地问：“你不就是观世音吗？为什么跪拜自己？”

观世音回答：“因为我遇到了难处，我也想寻找帮助，但是我明白，求人不如求己。”

这个寓言故事，告诉了我们一个现实的道理：求人不如求己，没有人有义务一直帮我们，我们不能把希望寄托在别人身上。只有自己，才能一直成为自己的靠山。要真正取得成功，必须要完全依靠自己的力量。我们要相信，天助自助者。无论多么艰难，都要学会独立拼搏。也许在你遇到困难时有人曾经扶你一把，但是别人还有别人的生活，不可能永远等着帮助你。所以你必须要学会独立，万不可有“坐享其成”的奢望。

现实中，有的父母因为出身贫寒，历尽艰辛才获得成功，因而不愿意让自己的子女吃同样的苦头，凡事都为他们安排得尽善尽美，这样看似关心自己的子女，其实是害了他们，因为无微不至的关怀会养成子女的依赖心理。这种环境下，孩子长大以后，任何一点挫败都会令他们丧失斗志。他们可能会过得安逸，但绝对不会获得成功。所以说，要想活得充实，取得成功，我们必须从这一刻开始抛掉依赖别人的心理，勇敢坚定地独自上路。

许慧在一家广告公司做平面设计工作，她是一个很有责任心的女孩子，对待工作很认真。另外，她性格也很好，为人随和，领导和同事们都挺喜欢她的。最近，部门进行人员调动，许慧对升为部门主管抱有很大希望，但是结果却让她很失望。不管是领导还是同事都认为她并不适合部门主管的职位。

为什么会这样呢？许慧去询问自己的上司，上司向她说明了原因。原来，虽然许慧工作态度认真负责，也很有合作精神，平时业绩很好，但是她有一个致命的缺点，那就是依赖性太强。在平时的工作中，即使自己能够做决定的事，许慧都要向领导请示，工作方法、途径都要向领导汇报并征求意见。如果领导不在，她也一定要向同事说明，在得到了一些同事的肯定后，才敢放手去做。所以大家认为，许慧就是一个“没有长大的孩子”，不能胜任部门主管的职务，需要再“历练历练”。

总是需要别人的帮助才能做好一件事，总是需要询问过别人才敢去做一件事，这样的人，确实不适合部门主管的职务。我们要想取得一定的成就，就要有独当一面的能力和魄力，要想有这样的能力，依赖心理是必须抛弃的。在经过了父母的养育、师长的教导之后，我们必须松开他们的手，自己走路。

依赖心理也有轻重之分，较轻的时候，表现出来的是懒惰，这个时候，只要激励自己，做事的时候灌注热情，比较容易就可以改掉依赖的毛病。程度较重的则为缺乏独立自主的意识，完全不觉得自己应该独立做某事，总是觉得别人应该帮助自己，这种状态是非常危险的。这样的人事事依赖他人，不敢自己做决定。他们在内心里不相信自己，只有取得了别人的认同和支持才会放心，因此，很难取得成功。这样的人，要刻意锻炼自己，选取一个比较有挑战性的目标，抛开别人的帮助，完全独立地完成。当你历尽千辛万苦完成一件事之后，你的独立意识就会初步建立，坚持下去，依赖心理慢慢就抛除了。

别人的帮助就像是山上垂下来的树藤，抓住树藤，或许会让我们攀爬起来更容易，但是，也会助长我们的依赖心理。一旦树藤断了，我们就无处可依。因此，我们要依靠自己的力量，一步一个脚印，踏踏实实走好每一步。只有独立自主，按照自己的心意做事，才能达到自己想要的目的地，获得自己想要的成功。

拖延，会耗散你的活力

很多人都有拖延的心理，并且从不觉得这是多大的问题，想着：“我不是不做，只是晚一点，又不是不去做，没什么大不了的。”事实上，拖延是一种很不健康的心理。一个人做事拖拖拉拉，最后很可能半途而废，甚至，很多人的梦想都是在拖延中夭折的。

一鼓作气，再而衰，三而竭。之所以会有这样的效果，就是因为很多时候，人们内心的热情会随着行动的延迟而消散。人在拖延的过程中，热情越来越少，精神状态越来越松懈，前进的脚步就会越来越慢。

希腊神话中，爱神丘比特脑海中瞬间的灵感造就了智慧女神雅典娜。雅典娜一出生就具备了美貌与智慧，堪称完美。事实上，雅典娜象征的就是存在于每个人头脑中的灵感和冲动。我们应当抓住头脑中转瞬即逝的好点子，抓住想要去做事的冲动，并立即将其付诸行动。因为它在这个瞬间成功的可能性最大。如果在理想产生的瞬间没有采取行动，以后便更难有付诸行动的动力了。有一句俗语是这么说的：“任何时候都能做的事，往往永远都不会有时间去做。”

一个人要想做成一件事情，首先要在脑海中有一个想法，之后则要尽快付诸行动。从人的思想开始，再到人的执行，这是不可间断的一个过程。只有将你的思想付诸行动，你才能走向成功。

想象一下，一个喜欢拖延的人，他生活在一种什么样的生活状态之中呢？首先，他总是忙，因为有太多拖无可拖的事等着他，这会让他烦躁。其次，他很悲观，因为他们害怕事情做不成，左怕右怕，有了什么想法都一再观望，直到机会丧失。

确实，一个人喜拖延，他的梦想最后恐怕也要无疾而终。当有人问约翰·

杰维斯(后来的温莎公爵)他的船什么时候可以加入战斗的时候，他回答说："现在。"对，就是现在，我们与其费尽心思把今天可以完成的任务千方百计地拖到明天，不如把这些精力省下来，马上把工作做完。很多事情都是越拖越难。因为在最初的时候，我们对工作的热情还处在高涨的阶段，这种热情能使我们在艰苦的工作中挖掘到无穷的乐趣。但随着时间的推移，热情会逐渐冷却，到了那时就算你想全身心投入工作，也很难做到尽善尽美了。举个例子，你收到一封信，看了之后，马上回复，往往比你过了一周再回复容易很多。今日事今日毕，不要老想着明天。对成功来说，最稳妥的词，就是"现在"。"明天""后天""下周""将来""以后"……往往意味着"再没可能"。万事开头难，看上去很困难的事情，如果你立即行动，实现起来可能就没有那么难了。

王攀登是某控股集团有限公司董事长兼总裁，在他还在上中专时，他班主任就评价他是一个不爱说话的人，但是，他一旦说了什么话，想做什么事，绝不会拖延。

中专毕业后的王攀登，自己给别人打工挣了一些钱，他便想着要建造一座新房。众所周知，乡下人盖房子差不多都是一个模样，可是王攀登却说自己想要建造一栋独一无二的房子，村里的人听了，都说他的想法太奇怪了，难以盖成，而且花费也大。

王攀登却没有犹豫，他先是四处筹钱，然后十里八村的整天跑来跑去，然后又综合不同房子的优点熬夜画了一张图纸，然后交给建筑师。不久，一所标新立异的新房建立起来了。

二十一岁的时候，王攀登用身上仅有的三千元成立了一家专售燃气灶具的零售店。他曾对身边的人提起这件事，可是大家都没有当回事，以为他只是说说而已。直到王攀登建立了属于自己的加工企业，大家才缓过神来问他："你是怎么做到的？"

立即行动，只有立即行动的人，才会把自己的经历和热情集中爆发出来。这些人雷厉风行，十分珍惜时间，他们不允许自己的时间浪费在无聊的事情上，也不允许犹豫拖沓耗费自己的心气，磨灭自己的热情，正是因为这样，他们才能够做成别人不敢做的事情。

人类的性格缺陷犹豫、迟疑等都是成功的大敌。要摆脱它们，便不能为自己留太多的考虑时间，不能有太多的准备动作。下定决心，在短时间内付诸行动，如此，自信、热情与潜能才会最大限度地被发掘出来，我们才能一步步接近成功。

时刻准备着，危机随时可能出现

19 世纪末，美国康奈尔大学科学家做过一个“水煮青蛙”的实验。他们先是将青蛙投入已经煮沸的开水中，青蛙猛然间遇到刺激，立即奋力一跃，从开水中跳出来了。之后，科研人员把青蛙放在冷水中，再慢慢加热。一开始，青蛙没有感觉到危险，不仅不跳出去，反而在容器里游来游去。过了一会儿，水温慢慢升高，青蛙终于受不了了。可是，等青蛙开始跳的时候，已经没有力气了。

看似安稳的环境让青蛙放松了戒备，身体和心理上的双重放松使得它们没有了应对危险的能力。

人也是一样，如果一个人安逸得太久，就会失去斗志，失去动力，最后会变得浑浑噩噩，不思进取，没有足够的能力应对危机。就像是臧克家在诗中说的那样“有的人活着，他已经死了”。而如果一个人时时刻刻都保持着危机感，那么生存的欲望就会激发他们体内的能量，他们就会为了自己的生存而努力奋斗，最终他们会在奋斗的过程中不断提高自己，时刻保持高度的注意力。

一个年轻的将军带领部队讨伐邻国，他带领军队缓缓进军，一个月之后，才到达两国边境。这时候，邻国主力军队已经在边境驻防很多天了。邻国的军事实力并不强，但是他们拥有一个武艺超群的将领，只要此人在，战争的胜负就很难预料。

这个年轻的将军也很忌惮邻国的将领，他到达边境之后并没有开战，而是给邻国的将军写了一封信。在信中，他用谦卑的语气恭维了邻国将领的战绩，并嘲笑自己是晚辈，没有什么冒犯的意思，只是奉命讨伐，做做样子罢了，等入冬之后就会撤退。对方将领当然不相信这封信里面的话，但是心中还是有点得意。

信发出之后，年轻的将军按兵不动，只是不断派人侦察敌军状况。他派去的探子每天向他汇报一次军情，军情的内容中有一项，就是邻国将军当日穿了什么。第一个月，探子报告说对方的将领平时铠甲不离身；第二个月，这位将军偶尔卸下重甲，但是每天都佩带着宝剑；第三个月的一天，报告中说，那名将领平时与众将饮酒时已经身着便装，随身的也只有防身短剑。这位年轻的将军知道，机会来了。他迅速制定战术，在一个弥漫着浓雾的凌晨，他的部队一举攻破对方大营。主力部队大败，邻国再无反抗之力，这个年轻的将军很快就高歌凯旋了。

敌国将领铠甲不离身，枕戈待旦的时候，一定是做好了应对偷袭的准备，这时候进攻自然讨不到什么便宜。等到对方心理松懈了，没有了危机感，一记重拳之下，胜利也就唾手可得。

确实，危机感能够让我们的心里时刻保持一定的紧张度，压抑自己的自满情绪，时刻准备应对一切挑战。因此，我们在工作中也要有一种危机感。也许你正为自己所在的企业蒸蒸日上而欣慰，也许你正为自己在企业中安逸平稳而满足，但是你可否真正静下心来审视企业，以及审视自己呢？可能你是公司的元老级人物，也可能你为公司立过大功，或者你的技术水平目前在同事中有一定优势。但是，一切都是会变的，明天你还能保持优势吗？明年呢？或许不知不觉中，你就要被淘汰了。

张克勤在一家电销售公司工作已经四年了，虽然不算元老级别，但是工作成绩还是非常突出的。他为公司拉了不少大客户，许多次获得公司奖励。有一天，领导在开会的时候宣布，公司计划三个月内进军国外市场，由于发展需要想要聘请国外的专业管理团队。领导要求，在三个月内，公司骨干人员需要补习一下英文，方便之后工作中与外籍人士交流。到时候英文水平通不过测试的员工会被下派到基层去做业务。

同事们得知后，都非常重视，很多同事下班后坚持补习英文。张克勤则不以为意，他说："我的英文水平本来就不错，再说，领导只是说说，我的工作做得有声有色，领导怎么会让我去基层呢？"

三个月后英文测验，张克勤与另一名同事的成绩都没有达到标准，领导却没有给张克勤留情面。第二天，他们就都被下派了。

生于忧患，死于安乐。能够保持事业长青的不是你的位置，不是你的行业性质，更不是你的资格和曾经的成绩，而是强烈的危机感和不断进取的毅力。强烈的危机感以及危机感形成的一种危机应对策略，能让你保持进取心，时刻努力使自己更加优秀。

打仗没有常胜之理，工作也没有铁饭碗，做生意有赚就有赔。我们无论做什么，都应该时刻保持危机感，只有这样，才能从容应对变化，让自己走得更稳。

| 第五章 |

打破常规，才能焕发生机

——定式思维正在蚕食你的活力

拆掉思维的墙

曾有科学家做过两个实验。第一个实验是在暗室中将蜜蜂和苍蝇分别放进两个开着口的玻璃瓶里，然后分别在瓶底点上一盏灯，让瓶底透光，之后观察两种昆虫的反应。苍蝇虽然是乱飞一气，但最终还是飞出了瓶口。而蜜蜂则始终很有规律地对着透光的瓶底飞，最终累死在了瓶子的底部。

第二个实验是在野外。实验人员将一头幼象用一根铁链拴在了椰子树上，后来小象长大了，他仍然使用那根铁链拴着它。只不过这次是将它拴在了一个小木桩上而已。但大象并没有什么挣脱的举动，原因是从小它就被这样的铁链拴着，它无法挣脱，于是长大了它也自然就认为自己无法挣脱了。

通过这两个实验我们可以知道，很多动物会被长时间的经验蒙蔽，形成一种固定的行为模式，即使有解脱束缚的方法，他们也不会采用。之所以会这样，是因为它们形成了心理惯性。

与动物相比，人拥有更高的智慧，也具有更灵活的头脑，这也是人与动物最大的区别。就像马克思所说：“再蹩脚的建筑师都比蜜蜂要聪明得多。”因为不管是多么差劲的建筑师，他在进行建筑之前都要先打开自己的思维去进行创意设计。而蜜蜂虽然可以将蜂房建造得非常完美坚固，但那也只是依靠自己的本能，严格按照一个程式去建造的而已，这种本能根本谈不上什么所谓的“思维”。但是，人也容易形成定式思维，束缚自己的心灵。

在现实生活中，很多人会机械地按照程式思考，形成定式思维。定式思维对人们的影响非常大。一旦人们形成了这种思维模式，就会习惯性地顺着固有的思维路线去思考问题。这样长此以往下去，人们就会失去多角度思考问题的能力，进而陷入到一个愚顽、平庸的境地中去。

在人生的旅途中，如果一个人总是按照这种既定的模式和轨迹去思考问题，而不去尝试走新的道路，久而久之，他就会对生活感到厌倦，感到乏味，失去锐气和进取心。需要注意的是，如果一个人的思维进入了一定的惯性模式中，是很难被改变过来的。

在课堂上，老师问自己的学生：“如果有一个聋哑人想要去买一柄锤子，他要怎么跟器具店的老板说呢？”很快，同学们就回答说：“这个聋哑人可以比画啊，只要攥着拳头做出一副钉钉子的模样就可以了。”

老师非常满意，接着又问：“那，如果是一个盲人，想要去买一支笔，他又要怎么表达给店主呢？”这次同学们几乎是毫不犹豫地说道：“他可以比划出写字的样子，这样就可以了。”谁知道这次老师摇了摇头，说：“错！盲人不需要比画，他是会说话的，告诉店主自己想要买支笔就可以了。”

事实上，有很多人都会像故事中的这些学生们一样，受这种惯性思维的束缚。一个思维封闭的人等于是将自己逼进了一个死胡同中，这样的人在解决问题时，非常容易钻牛角尖，而且容易变得非常偏激。因为他不懂得将自己的思维解放，所以他无法运用开放式的认识和思想去解决问题，面对障碍时自然也就难以跨越。

要想改善这种情况，我们必须要有勇气去打破心理上的束缚，让思维保持开放。只有这样，我们才能更好更快地吸收外界的知识和信息，突破成功的阻碍。

也只有这样，我们才能发挥出自己的真正才能，不断提升自己。

我们不妨去看一看哥伦布，当所有人都好奇鸡蛋如何能够立在桌子上时，哥伦布在众目睽睽之下磕破鸡蛋的底部，将鸡蛋竖了起来。这就是打破思维的束缚，这就是开放性思维。在那一刻，宴会上的所有贵族都傻眼了，只有哥伦布成为整个宴会的焦点和谈论的话题。而事实也证明，哥伦布敢于打破思维束缚的举动是正确的，在所有海员都觉得大西洋无法跨越的时候，哥伦布成功地穿越了大西洋，到达帕里亚海湾，发现了美洲大陆。

其实世界上有很多事情都非常简单，但如果我们只会墨守成规，用惯性思维去做事的话，只能得到一个失败的结果。反之，如果我们能够摆脱这种定式思维的束缚，对固有的僵化思维方式做出一些改动和创新，我们就一定能够有所成功。

所以说，一个人要想解决问题、取得成功，最好的办法并不是拼命地循规蹈矩做事。我们要想摆脱平庸，给他人留下深刻的印象，靠的也不是遵守“常规”的条框。我们要的是走出僵化的定式思维，只有这样，我们才能创造出属于自己的影响力。

一位心理学家曾经说过：“人的思维过程，其实就是不断束缚自己的过程，当有一天人们将自己完全地束缚到圈套里的时候，人们就已经将自己的思想禁锢到一个思维定式中去了。想要摆脱这种局面，我们一定要解开绳索，让自己的思想重获自由才行。”的确，人们在对待事情时，总是会被自己的习惯性思维给缠住，让自己的思想钻入一个死胡同中，怎样都转不出来。但只要跳出这个固定的思维模式，我们立刻就会变得豁然开朗。

封闭着自己的思想，就无法吸收更多新鲜的信息和知识。相应地，我们也就只能原地踏步，最后在人生的道路上越走越黑。我们要让自己的思维和头脑保持灵活，不要僵化封闭。不管做什么事情，我们都要打开自己的思维，并且不断调整自己的思想进行开放性思考。在面对困难时，只有摆脱狭隘思维，大胆尝试，我们才能摆脱困境，走向成功。

不要被“权威效应”压垮

“人微言轻、人贵言重”，这句话包含了一个非常普遍的心理学效应，那就是权威效应。权威效应，是指如果一个人地位高，名声大，他说的话就更容易受到人们的重视，人们更愿意相信其正确性。

权威效应之所以存在，是由人们的安全心理造成的，人们觉得权威人士在他所在的专业领域里比普通人懂得多，研究更深入，所以愿意相信他们。但是，这个心理惯性有时候会成为我们思考和做事的阻碍，限制我们的思维。

虽然说，崇拜权威的心理优势可以帮助我们更好地学习成功者的智慧和经验，扩大自身的视野。但如果我们过于崇拜权威，而从不去怀疑他们，总是按照他们提出的“真理”做事，那样只会阻塞我们的思维通道，影响自身创造力的发展，久而久之，这种盲目崇拜权威的心理会将我们塑造成一个僵化的、盲目的、平庸的“傀儡”，试问一个傀儡又怎么会取得傲人的成就呢？

爱因斯坦曾经说过：“从少年时代起，我就对所有的权威说法持有怀疑态度，对社会上的任何信息都抱有怀疑态度，这种态度一直陪伴着我，直到现在。”有些时候，真理并不完全存在于世俗的老旧观念里，也不存在于这些“权威说法”中。我们要敢于打破世俗的框架，学会向权威质疑、向权威挑战。

其实对于我们每个人来说，要想在某一个方面取得进步和成绩，都必须经过这样一个循序渐进的过程，即发现问题，提出问题，思考问题，解决问题。一个人想要提高自己、达到自己的人生目标，就必须要丰富自己的创造性思维。如果我们对于现有的一切都感到理所当然，那我们就只能原地踏步，永远都无法拥有独特的思想。所以我们要发现问题、提出问题和思考问题。

世界上有很多伟大的科学家，他们就非常善于发现问题、提出问题和思考

解决问题。在任何人的眼中，他们的成就都是伟大的，他们的魅力也都是独一无二的。意大利著名的物理学家伽利略就是一个非常典型的例子。

在伽利略之前，人们对于自由落地的物体的认识是基于亚里士多德的理论的。亚里士多德认为，不同质量的物体下落的速度也是不同的。物体的下落速度和其质量成正比，质量越大的物体，下落的速度越快。

这个理论成为人们心目中的权威理论，即使一个简单的实验就能够证明，人们也完全没有想到要去验证一下，这种盲目的认识一直持续了1700多年。

伽利略看到这个理论的时候，认为这和自己的生活经验不一致，他大胆地对亚里士多德的学说提出了质疑。但是，很多人都在批评他，认为他不该质疑伟大的亚里士多德。伽利略难以一一说服那些反对者，他决定用实验告诉大家结果。

一天，比萨斜塔下，不断有人们聚集过来，大家都等待着见证伽利略的实验，事实上，多数人都在等着看伽利略的笑话。物体自由下落的速度与物体的质量无关，这怎么可能呢？伟大的亚里士多德已经对这个现象下过结论了，为什么这个年轻人就是不相信呢？人们议论纷纷，一些亚里士多德的拥护者满脸怒容，认为伽利略亵渎了权威。不过结论马上就要出来了，再等几分钟，究竟谁是正确的就有了定论。

在比萨斜塔内部，伽利略正在做最后的准备，他把一磅重的铁球和十磅重的铁球一起拿在手里，吩咐助手为他清开一片空地，然后缓缓向塔顶走去。作为当事人，伽利略反而更加平静，他对自己的理论很有信心，类似的实验他已经做了无数次了。

突然，斜塔下面人群一片骚动，伽利略出现在了塔顶。只见伽利略微笑着看了一下下方的人群，他并不言语，但是举手投足信心满满。向助手示意之后，伽利略将两个质量相差十倍的铁球同时放开。结果不言而喻，伽利略在短短几秒钟打消了人们的怀疑，也击碎了人们心中的权威论断。

如果伽利略也和其他人一样，认为古代的大贤者的说法是理所当然的，而不去发现这其中的问题，不去思考这其中的问题，他能够取得如此大的成就吗？他能对后世做出如此大的影响吗？当然不能！

可以说，科学上的很多重大发明和发现，都需要对当时已有的那些说法提出自己的疑问。只有这样，这些科学家、发明家们才能够激励自己进行探索。如果说，它们总是墨守成规，不去思考那些看起来不合理的事情中有哪些问题，那他们的知识又怎么能够丰富起来？理所当然的，也就没有了这些新思想、新事物的产生，整个世界也就无法再前进了。

有人说，盲目服从要比主动地犯规更加有害。这句话说得十分正确。一个人如果只会盲目地循规蹈矩，那他就永远都无法摆脱别人的阴影，也永远都无法拥有创造性思维。现实生活中，人们总是对所谓的“专家建议”“专家判断”“专家方法”等一系列的“权威”性指导深信不疑。甚至有些人会将这些专家语录作为真理而全盘接收。其实，即便是某个领域的专家，他们对事情的判断上也难免会出现偏差。盲目地崇拜权威有时只会引导我们走向错误，这对我们自身的发展和创造力的发挥都是非常不利的。

我们要想开放自己的个性思维和创造性思维，要想与众不同，就不能鹦鹉学舌，不能一味地盲从所谓的“权威”。我们要有独立思考的能力和积极进取的精神，学会用自己的眼光去发现问题。并且要敢于质疑权威、挑战权威，大胆地提出自己的见解和主张。然后凭借着自身的自信心和自强的心理，想尽一切办法，克服困难，突破阻碍，直到取得成功。

“任何思维都是由质疑开始的”

对于任何一个人来说，内心的自由都是非常重要的，因为心灵是所有行动的主宰。但人的心理是非常容易被外界所影响的。因为人在社会中不可能完全孤立于他人，所以自身的心理多多少少会受到他人或是世俗的约束。长此以往，人们就会被各种各样的“应该”“必须”等世俗的规则所捆绑起来。

1903 年的一天，俄国沙皇在克里姆林宫里散步，他发现一个奇怪的哨兵站在一片空旷的地上。沙皇愣了半天，搞不明白为什么这位哨兵要站在一片空地上。于是他派人叫来了警卫队长，问他为什么要在空地上安排一个哨兵。队长回答说，一直以来都是这样的，他也不知道为什么。沙皇命令他在最短的时间内查明原因。

警卫队长不敢怠慢，马上翻阅资料，经过多天的调查考证，查明了原因。原来，1776 年的一天早上，叶卡捷琳娜女皇在克里姆林宫散步时，惊喜地看到了一朵小花在地上的石板缝隙里绽放着，而那块石板就在现今士兵站岗的那个地方旁边。于是，女皇下达命令，在这朵小花旁边设置一个岗哨，好好看着这朵花，不要被人践踏。从那时起，这块空地上就开始站着一名哨兵，即使是那朵花早已不见，哨兵们还是坚持在这里站了 127 年。

这是多么悲哀的一件事情，127 年的时间守着一片空地。127 年的时间，没有人去思考为什么会有这么一个规则存在，没有人做出改变。之所以会发生这样的事情，是因为人们对于规则的盲从。

毋庸置疑，规则是有用的。正所谓“无规矩不成方圆”，规则使我们的社会井然有序，能够良好地运转。可是，规则的作用应该是帮助我们，而不是成为人们的心理束缚。规则是死的，人是活的。如果一个活生生的人的内心被死的规则限制住，那真是一件悲哀的事情。

然而，现实社会中确实有很多人被规则限制住了才华，失去了锐气和创造力。比如说，在某公司内，一个职员心中突然有了一个好的发展方案，一般人心中都会产生例如："以前从来没有人这么做，是不是太冒险了？""这不是我的职责，如果我这么做了可能会触犯规则。"等诸如此类的想法。当一个人产生这种保守传统的想法的时候，虽然不至于让自己彻底失去创造力，但也会阻碍自己的创造性思维，限制自己的能力。

在传统守旧的规则限制下，人们会感到一切变动都没有必要，随之而来的，就是懈怠的情绪和漫不经心、敷衍了事的做事态度。一个人若是产生了这样的心理，那么他就会离自己的目标越来越远。

要知道，"规则"是与"创新"相对而言的。我们都知道在传统的社会中，几乎没有什么竞争出现。而没有竞争，就不会产生创新的思想。所以说，那些按照"老规矩"和"老观念"办事的人永远都无法产生什么"创造性思维"，自然而然地，他们最终也只能在这个"老圈子"里打转。我们想要超越自己，发挥出自己的创造力、增强自己的影响力，就必须要跳出传统的守旧观念、突破世俗的框架、敢于挑战规则。

只有敢于质疑过去的理论和技术，你才能够不断地在探索中变得强大。人生本来就是不断出现问题和解决问题的一个过程。我们只有敢于挣脱规则的束缚，敢于提出自己的问题，才能够学习到新的知识、新的理论。而只有我们勤于思考问题，我们的思想才能变得丰富，变得活跃。某种程度上来说，提出问题的过程，也正是思考的过程，也是学习新知识、丰富自己思想的过程。

亚里士多德在提及"形而上学"时谈道："任何思维都是由质疑开始的，有疑问才会有问题，有问题才能多思考，思考得多了，思想也就变得健全而周密了。"哪一个伟大的科学家不是改变了旧有的规则，提出了新的理论呢？

有的人说，那些科学家提出的都是些深奥的问题，思考的也都是深奥的问题。他们既有环境，又有条件，研究这些深奥的问题自然能丰富自己的思想，成功了自然也就能吸引他人的目光，增强自己的魅力了。其实不然，牛顿发现万有引力定律，只不过是被苹果砸中了脑袋突然产生了疑问而已；瓦特发明蒸汽机，也只不过是好奇开水沸腾时为什么会把茶壶盖顶开而已。我们能说这样的问题很深奥吗？

其实许多伟大的研究和发明，都是由身边的小问题开始的。所以我们想要丰富自己的创新思维，增强自己的魅力和影响力，也要善于提出问题、思考问题。问题对我们的思想是一种激励、一种挑战，只有不断地提出问题和解决问题，我们才能不断地丰富自己的知识，不断地向前发展。可以说，每一个问题的解决，都意味着我们思想上的一次蜕变，自身能力的一次飞跃。

当然，我们所说的善于提出问题和思考问题并不是指胡乱地提问题和胡思乱想。一个人凭空地提出一些不切实际的问题是没有任何意义的。我们所指的“提出问题”和“思考问题”指的是针对身边的具体事件提出自己的疑问，并且深入思考。只有这样，我们才能在问题中丰富自己的知识和思想，一步步走向卓越。

这个世界上是没有一成不变的东西的。规则和行为规范也是一样。如果外界的情况已经发生改变，我们就不能僵化地使用老的规则和行为规范来做事，而是要学会灵活思考，站在规则之上，让规则成为我们走向成功的助力，而不是束缚。

走别人不敢走的路

人的心理是趋向于保守和安逸的。多数人都有自己习惯的工作方式和适合自己的思维方式，在习惯的模式中，他们会有一种安全感，因为在这样的环境下，他们不需要承受什么风险。

但是，对于一个有志于做一番成就的人而言，追求安逸、保守传统的心理是非常可怕的。这种保守的心理会让一个人丧失积极向上的动力，变得平庸而麻木。一个人的内心和他的自身一样，只有走出去，接触陌生的领域，做陌生的事情，才能更加活跃，更有力量。

李嘉诚在谈到自己成功经验的时候说："如果别人认为我得到叫作'成功'的东西，那就是我走了人家不敢走的路，尤其是走人家所走的相反的路而得来的。""走别人不敢走的路"就是创新，就是全新的尝试。

要想摆脱平庸，就需要一种锐气，需要敢于创新，敢于尝试的勇气。就像是第一个吃螃蟹的人，并没有畏惧螃蟹那看似凶恶的爪子，因此痛快地吃上了鲜美的蟹膏。第一个吃西红柿的画家，也没有畏惧西红柿那鲜红的警告色，才能愉悦地品尝到它爽口的果肉。要有创新的意识，要有创新的勇气，善于发现问题，善于寻求新的方法。在现代社会，只有创新性的人才才是永远不会被淘汰的。

20世纪初，亨利·福特看到屠宰流水作业线之后，深受启发，设计了汽车装配流水作业线。流水线高效的装配能力使亨利·福特的公司可以大批量生产统一规格的黑色"T"型车，加上顾客们非常喜欢这个车型，福特汽车公司一时间风头无二。福特酝酿了10年的汽车装配流水线，也颠覆了传统的汽车生产模式，诞生了管理史上著名的"福特制"。这个划时代的创新举措促成了生产方式的进步，依靠这一创新举措，福特成为"汽车大王"，福特汽车的市场占有率一度达到了68%。

但是，成为汽车界的大佬之后，福特慢慢失去了自己的锐气，他为自己的创新思维所取得的巨大成就而沾沾自喜，开始故步自封，不再进行新的改变，福特居然公开宣称，公司从此以后只生产黑色的T型车。当时的汽车界风云变幻，各路群雄都是跃跃欲试的时候，福特的优势其实是岌岌可危的。

另一家汽车公司通用看到了福特产品的弱点，那就是产品过于单一，长时间不更新。于是，通用公司针对这一点，设计制造出不同价格档次的汽车，满足不同爱好和不同阶层人的需求。时间不长，人们的兴趣发生了转移，通用成了汽车的代名词，福特让出了自己第一的宝座。

锐意创新成就了福特，因循守旧害了福特。能不能创新，很大程度上并不是取决于你的能力和学识，而是取决于你的胆识和思维。很多人在一个岗位上，默默无闻地工作，不求有功，但求无过。他们即使有了很好的想法，看到了提升公司效益的新方法，看到了创业赚钱的新路子，他们也不会说出来，不敢去做，从而失去一个又一个成功的机会。时间久了，他们就变得麻木，安于现状，完全没有了尝试新路子的意识。职场上，这种人固然为公司做出了一些基础的贡献，但是他们奉献的只是时间和劳力，他们没有贡献出自己的智力。因此，没有创新精神的员工，只是庸才，不是人才。

一家日用品公司招聘销售经理，很多人面试，在经过层层筛选之后，三名应聘者留了下来。他们准备接受最后一轮的考验。招聘方出了一道奇怪的题目，要求应聘者必须在一周之内把100把梳子卖给附近寺庙里的和尚。

三人分头行动，第一位应聘者跑到一座寺院，向和尚们宣传自己公司的梳子。他滔滔不绝，将梳子的材料和造型赞美了大半天。但是和尚们无动于衷，他们说："梳子非常好，但是你来错地方了，我们没有头发，完全不需要梳子。"应聘者还没讲完，就被和尚们赶了出来。"和尚确实不需要梳子，面试官一定是疯了。"想到这里之后，第一位应聘者放弃了。

第二位应聘者去了另一座古寺，他依旧被和尚们拒绝了。但是在出寺院门的时候，他发现由于山高风大，前来进香的善男信女的头发都被吹乱了。于是这位应聘者找到寺院住持，说："蓬头垢面对佛是不敬的，应在每座香案前放把木梳，供善男信女梳头。”住持认为有理。那庙共有10座香案，于是买下10把梳子。

第三位应聘者先是想了想：和尚不需要梳子，但是和尚们经常需要和香客打交道，香客们需要梳子，让和尚们买了梳子转给香客不就可以了吗？于是他胸有成竹地来到一座颇负盛名、香火极旺的深山宝刹，对方丈说：“凡来进香者，多有一颗虔诚之心，宝刹应有回赠，保佑平安吉祥，鼓励多行善事。我有一批梳子，您的书法超群，可刻上‘积善梳’三字，然后作为赠品。佛虽不需要梳子，但凡夫俗子需要，我佛既是度万物的，赠予香客梳洗之物就是合情理的。”方丈听罢觉得有理，立刻买下他所有的梳子，数量远远超过了100只。

按照一般人的看法，把木梳卖给和尚怎么可能？因为和尚没有头发根本不需要梳头，所以和尚不会买木梳的。但是换一种思维方法，和尚不用，但是可以买了给进香的善男信女用。这样一来，看似不可能的事情也就做成了。许多事情都是这样，你不去尝试，不去开动脑筋，就永远做不成，你想要做成了，方法总是会有的，就看有没有一颗创新的心，有没有改变的魄力。

很多人都有错误的想法，认为自己不过是用劳动换得一定的薪水，所以没必要费劲去想创新的事，那应该是企业领导的事，与自己无关。所以，工作中很多人都养成了一种惰性，只是每天重复性地完成工作，甚至就根本不去想创新的事。他们一切都按固定的模式去做，结果做来做去，始终庸庸碌碌，长久的简单重复也会让他们丧失激情，暮气沉沉，这样的人何谈感染力，何谈竞争力？江泽民同志曾说过：“创新是一个民族的灵魂。”事实上，创新也是一个人的灵魂，要想取得一番成就，必须要有“灵魂”。一次又一次尝试和创新，会让一个人对自己的工作越来越感兴趣，对自己的能力越来越自信，然后，在工作中不断提高，不断超越自己。

换个角度看问题

中国有一句俗话叫作：不撞南墙不回头。在我们的周围，总有一些人会犯这样的错误——在同一面墙上撞来撞去。因为这样的人不懂得变通，所以最后直到头破血流的时候他们还不知道问题出在哪里。其实，在这样的时候，我们只要换一个角度思考，或许问题就可以轻易解决了。

葛迪思曾经是古希腊佛里吉亚的国王，他曾在自己的战车上打了好几个结，而且说："谁能顺利打开这些结，这个世界就是他的。"但是由于绳结的确是太复杂了，经过了很久都没有一个人能够打开，直到公元前 334 年亚历山大站在了绳结前面。

这一年，亚历山大大帝率军攻下了佛里吉亚，他早就听说葛迪思绳结非常难解，因此特地前来，证明自己就是那个能够得到世界的人。但是无往不胜的亚历山大在这里却碰了钉子，他苦思冥想都找不到解开绳结的诀窍。当他郁闷地看到自己的佩剑时，突然灵光一闪：为什么不砍掉这些烦人的绳结呢？我一直不都是崇尚武力解决问题吗？于是，亚历山大挥剑砍断了绳结，这个难题由此被解开。不久，亚历山大就建立了一个万世瞩目的大帝国。

葛迪思在设下绳结的时候，并没有限制那么多条件，但是后来的人们都自我设限，认为不能够毁坏绳结。但是亚历山大舍弃了传统的思维，拔剑砍断了绳索，这是开放的思考力的体现。

我们在对待事情方面，一定要注意多个角度看问题。如果总是一条道走到黑，用旧的经验去解决新的问题，那只能落得个“头破血流”的下场。虽然说，这样的人看起来似乎非常中规中矩，但实际上，这种过于依赖过去经验而不懂多角度看问题的人只会给人一种“死脑筋”的感觉。

其实，每一件事情发生之后，都会有一个相应的解决办法。就像是每一把锁都会配置一枚钥匙一样。我们在遇到解决不了的问题时，不妨换一个角度去思考，也许多试几次，就会找到解决问题的这枚“钥匙”。同时，多角度地思考问题也更容易培养一个人的创新能力和个性魅力。反之，如果一个人在遇到问题，或者是遇到阻碍时死钻牛角尖，认准一条路就一直往里走的话，只能让他的思维越来越僵化，做事也越来越死板。

因此，我们一定要学会从多个角度思考问题，保持开放思维，灵活做事。

一种非常常用的转换角度的方式就是“逆向思维”，逆向思维也叫作“求异思维”，它是一种对司空见惯的事物或观点反过来思考的一种思维方式。中国有一句俗话，叫作“反其道而行”，说的就是让自己的思维向事物的对立面方向发展，从问题的反面角度进行分析的一种思考方式。

一般来说，当所有人都朝着一个固定的思维方向思考问题时，而你却独自朝相反的方向思索，这样的思维方式就叫逆向思维。

在现实生活中，人们已经习惯沿着事物发展的正方向去思考问题并寻求解决办法。很显然，这也是最稳妥的解决问题的方法。但对于某些问题，特别是一些特殊的问题，反过来思考往往会使问题更加容易解决。有很多人经常都会被某个问题纠缠得疲惫不堪，可以说是用尽了他能想到的一切办法还是无法改变现状。在这种情况下，我们不妨试一试逆向思维，将事情反过来思考也许就会产生一种豁然开朗的感觉，问题也会随之顺利圆满地解决。

作为一种超越常规的思维方式，逆向思维很容易就可以避免这个问题的发生。所以当我们陷入到思维的死角中无法自拔的时候，不妨打破自己的思维定式，试一试用逆向思维来思考，也许就会得到一个充满惊喜的结果。比起常规性思维，逆向思维更容易给人一种耳目一新的感觉，这种解决问题的方法经常会取得意想不到的效果。

当然，我们并不是说正常的解决问题方法是不好的。但循规蹈矩的思维方式和传统的解决问题方法非常容易让人们的思路变得僵化、刻板，摆脱不掉习惯的束缚。这样得出的结论往往也是平庸的、千篇一律的、不具有个人代表性的。也就是说，如果一个人总是习惯运用传统的方式来解决问题，那么他是平庸无奇的，没有什么创新。

实际上，世界上的任何事物都具有多方面属性。但由于受以往经验的影响，人们经常会只看到事情熟悉的一面，而忽略了事情的另外一面。按照传统的那种循规蹈矩的思维方式去解决问题，我们只能像是鹦鹉学舌一样，始终跟在他人的背后亦步亦趋。最终也许就会陷入到思维的死角中去。要想解开死角，就要学会全面观察，多面思考。正面解决不行，就从侧面入手；直接无法解决，就“曲线救国”；按部就班不行，就打破规则试试。总之，多想想，发散思维，总会有解决问题的办法出现的。

| 第六章 |

舍与得的人生经营课

——患得患失的人不会成功

很多时候，放弃比争取更有意义

美国电话电报公司的前总裁卡贝曾提出这样一个理论：很多时候，放弃比争取更有意义，放弃是新生的契机。这就是著名的“卡贝定理”。

人总是想要获得，不愿放弃，这种心理使很多人吃了大亏。关于“卡贝定理”有一个著名的小故事：

在热带丛林居住的印度人总是会用一种非常奇特的方式捕捉猴子。他们并不主动围捕，也不设置复杂的陷阱，而是在地上或者书上固定一个小木盒。盒子里放着猴子最爱吃的坚果，上面的开口很小，猴子的前爪刚刚可以伸进去。猎人们放下盒子之后走开，等待猴子来拿坚果吃。猴子好奇心重，看到盒子之后就会上去查看，当它们发现见过，就会毫不犹豫地把前爪伸进去抓住坚果。可是，盒子的开口太小了，空着爪子的时候可以伸进去，抓住坚果之后就抽不出来了。当猴子气急败坏地挣扎的时候，猎人们会过来轻松地抓住他们。

猴子之所以被抓，是因为他们不肯放下已经到手的东西。很多人看到这个故事之后，会嘲笑猴子的愚蠢，其实，人又何尝不是如此呢？只是人的愚蠢没有表现得这么直观罢了，很多人放不下手里的钱财，放不下名望地位，最终失去了更多。

文种是春秋末期楚国人。楚国与越国两国是盟国，关系非常好。文种受楚王指派，前往越国国都办事时，正赶上越国爆发官廷内乱。为了维持两国的盟约，文种找来自己的好朋友范蠡，帮助越王勾践平定了内乱。越国被吴国击败后，文种不顾自身安危，主动提出去吴国求和，被吴王夫差关押在监狱里。后来，吴越两国达成协议，吴国不消灭越国，但需勾践夫妻及大夫范蠡前往吴国做人质。文种因为深得勾践的信任，被委以相国之职，负责管理越国。此后，文种推行休养生息的政策，修复战争给越国带来的创伤。他还主动与吴国的大臣修好，以求把被囚在吴国的勾践救回国。此外，他立志帮助勾践复国，专门总结了商周以来征伐的经验，提出了伐吴九术。

勾践在吴国被囚多年后，终于获得了自由，回到了越国。为了击败吴国，报仇雪耻，勾践任用文种和范蠡整顿国政。经过几年时间的准备，越国的实力得到了很大提升，具备了与吴国一较高下的实力。后来，吴王夫差打算向齐国进攻。勾践听说此事后非常高兴。他派人用贵重的宝物贿赂吴国大臣，让其劝说夫差伐齐。没过多久，夫差果然向齐国发动了进攻。越国于是趁此机会攻打吴国，把吴王夫差包围了起来。夫差苦寻脱身之计，想了很久也没有想出好办法。最后，他把一封信绑在箭上，射进范蠡的军营里。信中写道："我听说，兔子死光了，捉兔子的狗就失去了作用，最后被主人杀掉吃肉；天上没有鸟了，再好的弓也没用了，只能被放在仓库里；敌国灭亡了，出谋划策的谋臣也就没用了，最后被铲除或者遗忘。现在吴国眼看着就要灭亡了。两位大夫为什么不为自己打算，让吴国存活下来呢？"

文种和范蠡没有答应夫差的议和请求。夫差自知性命难保，就拔剑自杀了。灭掉吴国后，勾践非常高兴，在吴国的宫殿里摆酒设宴，犒劳文武官员。可是，范蠡却没有参加。第二天，有人在太湖边发现了范蠡的外衣，便认为他投湖自杀了。文种也这样认为，但不久后接到的一封信，改变了他的看法。那封信写道："兔子死光了，捉兔子的狗就失去了作用，最后被主人杀掉吃肉；天上没有鸟了，再好的弓也没有用了，只能被放在仓库里；敌国灭亡了，出谋划策的谋臣也就没用了，最后被铲除或者遗忘。在患难之时，越王会重用我们；到了享乐之时，他会翻脸不认人的。您现在如果还不离他而去，那么恐怕难逃一死啊！"

直到这时，文种才知道范蠡并没有死，而是隐退了。文种认为自己和勾践共患难，勾践绝不会杀害自己。而且，他也不愿意放弃自己的名望和地位。于是，文种继续留在朝中。

后来，勾践认为文种打算作乱，就赐给文种一把剑。那把剑正是当年吴王夫差逼迫大臣伍子胥自杀时所用的剑。文种明白了勾践的用意，只好拔剑自刎。

文种是一个有大智慧的人，否则他怎么能够帮助勾践完成复仇大业？可是他也是一个愚蠢的人，范蠡已经提醒了他，他却不愿意放下手中的东西，最终被勾践赐死。

当然了，我们平时面临的并不是像猴子或者文种一样的危险境遇。放弃也并不是保全自身安全。对我们而言，放弃其实是面对人生选择时候的智慧，放弃的目的在于争取，争取实现我们的价值。

李嘉诚在舅舅钟表店里做学徒时，通过认真观察和思考，对于钟表市场的未来有了成熟的看法。在他看来，瑞士生产设计的机械表已经非常完美，技术层面已经登峰造极，短时间内很难被超越或接近。日本人选择开辟了电子石英表的领域，占领了中档表市场。于是，世界钟表市场的形式是这样的：高档表市场为瑞士人独霸，中档表市场由日本人占领，也就是说中低档表市场还有开拓的潜力。他曾建议舅舅迅速放弃中高端钟表市场，在中低端市场取得主动，而不是被中高端市场淘汰。

事实证明了他的观点，没多少年，中低档表产业成为香港的一个支柱产业。李嘉诚舅舅的钟表公司也得到了长足的发展，可以说，在这其中李嘉诚的建议和魄力起到了很大作用。

李嘉诚在一家五金厂工作了几年，离开的时候，他向老板提了两条建议：第一，五金的前景不是很乐观，转行去做前景看好的行业；第二，调整五金厂产品的门类，要避开塑料制品涉及的门类。最初，五金厂的老板并没有听从李嘉诚的建议，他不愿意放弃眼前赚钱的产品。可是没过多久，市场风云突变，五金厂的业务急转直下。就在这时，李嘉诚经过一番调查分析之后，又给了五金厂老板一条建议。那就是不要勉强竞争，而是果断放弃其他项目，生产铁锁系列产品。这次，五金厂老板采纳了李嘉诚的建议。他组织人力物力开发系列铁锁。短短一年时间，五金厂重新焕发了勃勃生机。

谁都不愿意放弃自己手里的东西，但是客观现实不是我们能够左右的。要想争取生存的空间，要想获得，我们就必须克服心理障碍，该放弃的时候果断放弃。一个人只有懂得什么该抓紧，什么该放弃，才能够不被束缚，获得他该获得、能获得的成果。

面对诱惑要保持理智

人都有贪欲，这是因为我们内心存着对于财富、名利、美色等的渴望。这种渴望是我们积极进取的动力，也是能够将我们引入歧途的危险因素。

西方神话故事中，一片海域里生活着美人鱼，当水手经过这片海域的时候，会有许多美人鱼围绕着船只唱歌。她们都是绝色美人，能够以娇媚动听的歌声迷惑水手们。这时候，很多水手意乱神迷，不顾海上的凶险，不断接近美人鱼，最终，美人鱼露出真正的食人面目，水手们猝不及防，最后船毁人亡。

现实中没有美人鱼，我们不用担心会有美人鱼来诱惑我们。但现实中的其他诱惑却很多，使人丧失理智判断，为之付出沉重代价的情况并不少见。比如董卓贪图权力死于非命，纣王贪图情欲断送江山，杨修贪图名利引火烧身，和珅贪图财欲命丧九泉。因此，我们必须要压制自己的贪欲，学会从这种欲望中超脱出来，保持一颗平常心。只有这样，我们才能够满足平和，才能避免为了满足贪欲而将自己置于死地。

贪欲会对自身乃至社会造成巨大的危害。有多少人因为这种贪欲而毁掉了自己原本拥有的东西，又有多少人为了满足自己的贪欲铤而走险，最终走向犯罪的道路。当一个人的心中被贪欲所填满时，他就会在人生的道路上走偏，最后酿成大错。到那时，后悔也已经来不及了。《魏书》中记载着这样一个故事：

高祖驾崩后，咸阳王元禧受遗命辅佐新主。不过元禧并没有担负起辅佐新君的责任，他任宰辅之首，不思治国安邦，反而为了一己私欲，贪污受贿，骄奢淫逸。

元禧非常好色，他纳了几十姬妾，仍不知满足。为了满足自己奢侈的生活，元禧徇私枉法，疯狂敛财，他控制了遍布全国的田产、盐铁生意，随意加价，百姓们深受其害。世宗原本就不喜欢元禧，只是觉得他贪污一些没有太大的影响，也就放任自流，哪知道元禧不知收敛，仍旧发展自己的势力，最后他的下属、家臣，乃至仆人都跟着他一起做生意，世宗开始有了惩治他的想法。

最后，为了扩大自己的利益，元禧居然试图造反。结果可想而知，世宗早有准备，元禧被判死罪。

元禧临行前与妹妹诀别时，居然还问自己的爱妾怎样了。他妹妹哭着说："你之所以犯下大罪，就是因为贪图女色，进而贪图财物，一错再错才有了今天的结果。难道你自己还不明白吗？"元禧听了之后，默然无语。

元禧被诛杀，正是他无止境的贪欲所致。

谁不想拥有更多的财富，谁不想飞黄腾达，获得高位。但是财富必须来源于正道，高位必须不能以出卖人格为代价。生活与工作中，人们总是想要得太多，太在意得失，所以心性迷失了，忘记了正道规则，忘记了自己真正需要的是什么，忘记了什么是真正的成功。

爱默生曾解释过什么是成功："笑口常开；赢得智者的尊重和孩子的热爱；获得评论家真诚的赞赏，并容忍朋友的出卖；欣赏美的事物，发掘别人的优点；留给世界一些美好，无论是一位健康的孩子、一个小园地或一个获得改善的社会现状都可以；知道至少有一人因你的存在而过得更快乐自在，这就是成功。"

所以说，成功是多方面的，不是对于种种欲望的无止境的满足。只有以出世的心做入世的事，不让世俗功利蒙蔽你的心灵，沉得下心来，淡然面对得失，坦然接受成败，才能超越自我，找到生命的真谛，达到真的成功。《后汉书》中记载了第五伦的真正的人生价值的实现。

第五伦在乡里任“啬夫”时，减轻百姓们的徭役、赋税，亲自出面化解乡亲们之间的矛盾，这样的举措帮助他赢得了百姓们的支持。后来，第五伦认为做官不宜发达，就辞去官位，带着家人搬到河东居住。搬到河东之后，第五伦隐姓埋名，自称“王伯齐”，靠运盐为生。运盐的路上，第五伦总会清扫道路，修整驿道，为后来人提供方便，受益的行人们都很感激他，称他为道士。

第五伦完全不注重名利，他隐居之后，连他的亲戚们都不知道他去了哪里。后来，第五伦又受到朝廷征用，官至二千石。身居高位，第五伦仍谦逊勤俭，他亲自割草喂马，他的妻子依旧烧火做饭。他将俸粮留够一月所需，其他的全部贱卖给穷苦的百姓。第五伦为百姓做了很多好事，自身勤俭朴实，这样的作风使他深得百姓拥护。

元和三年，第五伦辞官还乡，皇帝感念他的廉洁，赐他终身享受二千石俸禄，并给了他五十万钱、一处住宅。归乡几年后，第五伦去世。皇帝问询，又赏赐他家里人大量的财物。

所以，在生活中，我们要远离贪婪的诱惑，让自己保持一个平常心。只有这样，我们才能轻松地面对生命中的得失考验，实现自己真正的人生价值。

托尔斯泰说：“欲望越小，人生就越幸福。”这话，蕴含着深邃的人生哲理。它是针对“欲望越大，人越贪婪，人生越易致祸”而言的。在竞争激烈、优胜劣汰、充满压力的现代社会，有多少人因为充斥在身边的名利诱惑和生存压力而迷失了自我，等到幡然醒悟，早已偏离了原来的航向，幸运的，或随波逐流，混迹于天地之间，不幸的，四处碰壁，头破血流。

西方传说中，为了战胜美人鱼的诱惑，尤利西斯想办法封住了水手们的耳朵，不让大家听到美人鱼的歌声。事实上，这个办法是无法解决根本的，人之所以会被诱惑，是因为内心的不平静。我们应该保持内心的清明，用理性应对诱惑，即使面对各种各样的诱惑，也要保持理智，坚定不移地走在属于自己的人生道路上。

别为了打翻的牛奶而哭泣

每个人的一生都不可能总是风平浪静，总会遇到一些变数，总会遭遇挫折和痛苦。挫折和痛苦过后，很多人会陷入失望中无法自拔。之所以会这样，是一种懊悔心理在作怪，这种心理有一定的正面作用，那就是让我们认识到之前的错误，在以后加以改正。但是，认识到错误之后，我们必须学会放下，将失望和懊悔忘掉，只有这样，所有的负面情绪才会消失，热情和能量才会产生。

当我们感觉到苦了，累了，要学会放下，不要为之前的过错和失败而耿耿于怀。就像是一句谚语所说的那样，不要为了打翻的牛奶而哭泣。牛奶打翻之后，已经无法食用了，无法捡起来，因此，陷在回忆中是没有用处的，无法帮你取得成功，我们必须学会坦然接受，排除负面心理，以积极的姿态面对未来。拿得起放得下的人，才能更好地把握你的人生。放下哀愁，你的心才能容下快乐。

《后汉书》中有这样一个故事：

东汉时期，孟敏曾经居住在太原，有一次，他挑着甑往前走，正走着，一个甑掉在地上摔碎了。孟敏头也不回就走了。

林宗看见后非常疑惑，赶紧叫住他问：“你的甑掉地上了，你不知道吗？为什么还往前走？”

孟敏问：“哦，甑碎了吗？”

林宗回答："当然碎了！"

孟敏一边接着往前走，一边说："既然已经碎了，我为什么还要回去看？"

客观想一想，确实是这样，甑既然已经碎了，回过头去哀悼是没有用处的。但是一般人遇到这种情况，都免不掉原地哀叹一番，这就是典型的懊悔心理作怪。现实中很多人都会为了这样那样的事情而哀叹后悔："如果我当初能那么做的话就好了。"很多人都会这样为曾经所做的错误决定而悔不当初。只是他们自己还没有意识到，在哀叹的同时，他们失去了更多。

有位哲学家曾说："任何事物都不可能长久地保持不变，包括错误在内。所以，对于已经发生了的事，就让它过去吧。"很多我们现在看起来很烦恼的事，其实过一阵子就变得没什么大不了的了。我就认识一个总以此安慰自己的人，他在错过火车或遇到其他烦恼时会说："这不算什么，多年以后，谁还记得曾经的烦恼呢？"既然我们迟早会忘记，那么不如现在就把它忘掉。

觉悟了"一切都会过去""神马都是浮云"，我们看待人生的变动就会有一颗平常心。成功了不骄傲，失败了不气馁。伤心时，不沉溺；高兴时，不忘形。学会淡然地面对成功悲喜，那么你的人生也会跟着与众不同。

有一个人，他与一位出家师父相约而谈。当他提到最近自己很烦恼的时候，师父很随意地让他提起他刚买的一个西瓜。西瓜提在手上半天，师父也没有让他放下的意思，也不给他解读寓意。

这个人他手酸，累得要把西瓜放下，师父却命令他继续提着。最后，等到这个人的手都麻木的时候，师父才让他把西瓜放下来，然后问他："你提着西瓜的时候，是不是很难受？"

这个人回答："是的。"

"那现在呢？"师父问。

“现在好多了！”

师父微笑着说道：“你不喜欢提着西瓜跟我说话，却为何喜欢背负着过去往前走？烦恼了，放下就好，难道不是这样的吗？”

这个人听了之后，恍然大悟。

是啊！放下就好。我们的内心之所以会被痛苦和懊悔压抑，是因为我们背负了太多，没有放下。生活中的我们总是被过往的痛苦与烦恼折磨着，始终痛苦不堪，我们总想设法补救曾经的过失，找回那些已经失去的东西。这样做并不是明智之举，真正明智之人会立足现在、着眼未来，不放过每一次成功的机遇，而不是对过往的烦恼念念不忘。你可能觉得现在再重新来过为时已晚，但只要看看古往今来所有伟人的成功史，你就会发现，他们也曾犯错甚至犯罪，也曾感到悔恨、失望，他们的成功之路也坎坷而布满荆棘。但他们都把阴影甩在了身后，满怀热情地向着光明走。

仔细看看你内心为什么而压抑？你所有的苦恼、懊悔，是必要的，还是无用的。如果于事无补，为什么不放下呢？因为放不下，我们常会在选择中烦恼，怕顾此失彼。因为放不下，我们只能背着种种包袱，生活的脚步就会变得沉重不堪。放不下，花了我们太多的心血和精力，让我们疲惫不堪，越来越累，当我们所有的精力都用来背负过去，还怎样走向未来呢？

一个明智的人，应该遗忘那些伤心的往事，不去想往日遗憾。我们若想弥补旧日的缺憾，就应把握今日的每一分每一秒，积累起我们所有的力量。并且，只有这样做，我们才能创造更加辉煌的明日。就像一首歌中唱的那样：“看成败，人生豪迈，只不过是从头再来。”我们应该信心满满地面对生活，不管生活曾给我们留下什么创伤，我们都要学会整理心情，以全新的面貌迎接明天。

一切都会过去。即使生活不会改变，我们的生命也有终点，会失去一切。所以，纠结、留恋、担忧、痛苦，都不过是无用的情绪，而这些情绪在时间的冲刷下，也会成为过去。面对人生中的悲欢离合，我们更应该觉悟“一切都会过去”。执迷不悔，也终将消散成灰。失败和挫折能够毁灭我们过去的成绩，但是绝对无法毁灭我们的内心。如果我们能始终怀有永不言弃、永不服输的决心，勇敢地跨过失败与挫折的话，那么我们的未来必定会是光明的。

分享，让你获得双倍的快乐

自私是一种较为普遍的心理现象。重视自己的利益，做对自己有利的事情，这无可厚非，但把自己的利益看得高于一切，就是不健康的自私心理。很多心理学研究及人际关系案例分析得出，人们成就的事情八成以上是与正确与人相处的能力息息相关的，这就是说，八成以上事情的成功，在于与人愉快地相处。因此，一个人想获得幸福、丰盛、成功的人生，他就必须关注一个很重要的课题，即与他人共享的能力。

培根曾经说过：“一份忧愁与人分享之后，你将只剩下二分之一的忧愁；但一份快乐与人分享后，你将得到双倍的快乐。”确实，分享并不是一个资源流失的过程，而是一个资源增值的过程。

有个人问上帝天堂和地狱的区别，上帝就把他带到天堂和地狱看个究竟。

他们先来到了地狱，地狱里有一群人围着一大锅肉汤。他们每个人都奄奄一息，已经饿得不行了。他们每个人手里都有一把大勺子，但是勺子的柄太长了，自己没有办法把肉汤送到自己嘴里，因此他们忍受着长期的饥饿。

然后上帝又把那个人领到了天堂，天堂里的摆设和地狱没有什么不同。一大锅肉汤，一群拿着长柄勺子的人，但大家都生机盎然，在快乐地歌唱。

“这是为什么呢？一样的条件，为什么有的人快乐，有的人绝望？”

上帝笑着说：“因为这里的人懂得分享。”

确实，懂得分享的人，总是能够把一些好的东西分享给别人，包括好的生活经验，好的处事方法，好的创新和思维，甚至包括好的心情等。分享，是一个体现自我价值的过程，你是一个有价值的人，别人自然会聚拢在你的周围，以期完善自己。从另一个角度而言，一个懂得分享的人，也是大度的、宽容的，他们很少计较得失，因此往往富有凝聚力和感染力。

自私心理比其他的不健康心理更能阻挡人与人之间的正常交往。很多刚刚进入社会的年轻人容易产生一种错误的想法，就是以为自己的成功是凭一己之力而来，与他人没有关系，因而心安理得地独享胜利果实。抱着这种想法的人迟早要在社会上吃到一些苦头。那些真正的成功人士往往都懂得与其他人分享自己的成功果实。

由于社会经济发展迅速，像葛朗台、泼留希金那样典型的吝啬鬼已经很少见，但吝啬行为不仅仅限于有形的财物，而是扩展到更广阔的领域，包括无形的精神层面的东西。老百姓常说：帮人帮不穷，求人求不富。如果一个人真有心想让别人与自己一同分享自己的收获，那么他不但不会因此遭受损失，相反，上天会因为他的无私而让他有更多更丰盛的收获。如果一个人对看似与己无关的人也懂得分享，则会达到“财散则人聚”的效果，有人就有一切，尤其是那些懂得感恩的人，他们会成为他事业的帮手，在他遇到困难的时候，出钱出人出力，这个人的事业自然会蒸蒸日上。

刘琦当初到公司时，勤恳努力，别人不愿干的工作凡是找到他，他就总是痛痛快快地接过来；公司分家属楼的时候，同事们都费尽心机争夺有利位置，他满不在乎，最后果然被分到最不理想的位置；公司给管理层配备公务车辆时，刘琦也迟迟没有申请，最后跟他资历相当的人都有车开了，他却没有。

在公司三年，这样的事情数不胜数，时间久了同事们都认为他是缺乏自信，有的同事说他傻里傻气的，只会吃亏。

又过了一年，公司购买了几辆新车，大家都觉得过去太亏待刘琦了，于是，经同事们提议，领导特批将其中的一辆好车配给了刘琦；第二年，依然是群众呼吁，领导特批，刘琦又得到了一套新的三居室房子。

不知不觉间，刘琦的职位和待遇都位居公司前列，大家恍然大悟。这种不计较小利，懂得付出的做法不仅不会吃亏，反而可以让大家心悦诚服。

人际关系跟实际利益同样重要，甚至更重要，懂得分享，分给别人一杯羹，照顾一下别人的颜面，只有这样才会有更好的人际环境，才能持续发展。分享，还会让一个人的内心充满快乐。“独乐乐不如众乐乐”，如果一个人的快乐没有与人分享，很难称之为快乐。

曾经有一位企业家依靠个人的能力，将一个非常小的公司逐渐地发展起来。但正当他的事业越来越风生水起时，他却主动地将拥有自主产权的五项专利免费地发放给了各大厂商。一些员工以为老板疯了，这不是摆明砸自己的饭碗吗，公司可能就靠着这几项专利征战商海了。结果令他们惊讶的是，公司的销售额不仅没有下降，反而出现了明显的上升趋势。没过多久，一些大客户就亲自来到他们公司洽谈合作事宜，还有一部分投资商前来商讨融资或者合作的事情。正是这种分享的理念与策略，让买家和商家发现了企业家身上的价值，也让他们看到了企业家身上可贵的品质和追求，这种凝聚力和感召力，显然是金钱和广告无法换来的。

一个懂得分享的人，必然是一个懂得付出的人，他们乐于将自身的东西转化为别人的幸福和快乐，与此同时，他自己也获得了益处。我们在生活和工作中，做事的时候不要被自私心理绑架，而是要学会无私付出，学会分享，给他人以快乐，让自己获得成长。

不要苛求完美

人们做事的时候，都想做得尽善尽美，这是一种很正常的心理。这种追求完美的心理有积极的作用，因为只有追求更好的目标，我们才会更加认真努力。但是，如果苛求完美，标准过高，很可能会适得其反。因为过于追求完美的话，我们的内心会不堪重负，我们的精力也会消耗殆尽。

很多时候，“完美主义情结”就会变成一个沉重的包袱，压得我们透不过气来。过分地苛求完美会让我们产生一个“心有余而力不足”的感觉，这样长此以往，我们将会变得急躁、盲目、眼界狭小。

一次偶然的机会，一个渔民捡到了一颗硕大而美丽的珍珠，他非常开心，觉得自己要发大财了。可是美中不足的是，那颗珍珠上面有一个小小的黑斑。他越看心里越不舒服，他想，若是能够将这个小小的瑕疵去掉，那么这颗珍珠就是完美的了。

于是，这个渔民把这个珍珠磨掉了一层，可是，令他非常沮丧的是，那个黑色的斑点还在；他非常不满，又磨掉了第二层。但是，这一层仍旧没有将他心爱的珍珠变得完美。他不断地磨去了一层又一层。

最后，那个斑点终于没有了。可是，那个渔民两手空空，珍珠也没有了。

这个渔民心痛万分，他一病不起，不停念叨着：“哎，如果我当时不去计较那个瑕疵，现在我还拥有一颗美丽的珍珠啊！”

非常遗憾的一个故事，那个渔民对于事物过于苛刻了，要知道，我们的人生没有绝对的完美，而且永远是有缺憾的。世界本来就有诸多缺憾，不完美才是完美，太完美了就是缺陷，缺憾有时候也是一种美丽。

其实仔细想一想就会明白，人的一生正是由一个个不完美排列而成的。我们的生活不可能一帆风顺，同样的，我们也不可能把每件事都做到尽善尽美，做到完美无瑕。如果我们凡事都要苛求完美，苛求称心如意，那我们也只能在失败的旋涡里沉沦、忧郁，甚至还会影响到我们的生活。

事实上，一个想要把生活中所有事情都做得非常完美的人，往往都不会是什么强者。因为真正的强者是不惧怕缺憾的。只有弱者才会患得患失、缩手缩脚，也只有弱者才会害怕令他人感到失望。所以说，一个人如果要想变得更好，追求更高，千万不要去苛求完美。有时候我们要懂得放下完美主义的表象，懂得欣赏“缺憾”。

著名影视名星徐帆在接受某节目组采访的时候，有人问她：“你丈夫是中国及亚洲最著名的导演之一，他在你心目中是完美的吗？”徐帆答道：“我不会用完美这个词来描述一个人，一个人，完美了，他就不是一个人，一个人有优点有缺点，才是一个真正意义上的人，没有缺点的人是没有的。”

确实，金无足赤，人无完人。我们无论是对人还是做事，都不要渴求完美，不要把自己的心力耗费在对于完美的不切实际的追求中。

一个过分苛求完美的人，只要有一点瑕疵都会觉得自己失败了，这样下去迟早有一天他会心力交瘁。因为他会发现，自己什么都做不好，自己怎样做都不会满意。一个过分苛求完美的人，他的性格也会在近乎于病态的追求完美的过程中变得越来越偏激，越来越暴躁，最后甚至一件小事他都会做得错误百出。这样的人是不可能强大的。所以我们要适当地放松要求、放宽标准，永远都留给自己一个“需要改进”的地方。只有这样，我们才能够在“改正缺点”中进步，进而获得更多的积极性能量，不断变得更好。

有很多人之所以非常苛求完美主义是因为他十分在乎领导或是周围同事对自己的评价。其实我们是为了自己而活的，不必要因为他人的评价而过分地苛求自己做得完美，否则只会让自己身心疲惫、打不起精神来。这种状态非常不好，因为一个人的动力有很大一部分要靠自己的精、气、神来提供。若一个人的精神总是看起来十分萎靡，那他自身就不会产生动力。

如果将事情结果的完美程度分为“优”“良”“及”“可”“差”五个等级的话，我们只要尽力地达到“良”的标准就可以了。因为只有这样，我们才能够在不苛求完美的同时避免懈怠；只有这样，我们才能够保持一个良好的心态和自我感觉，才能满怀信心地追求自己的目标。

| 第七章 |

你越担心什么，它越会发生

——坏心态引发坏命运

心态积极，才能将力量发挥到极致

如果一个人的心态是正面积极的，他自身就会产生一股积极向上的动力，变得强大。

相信看足球赛的朋友都会对一些反败为胜的比赛记忆深刻。在比赛结束前，逼平比分时，两个队伍都会变得前所未有地紧张和激动。在进行决定胜负的补时阶段时，他们之间的竞技已经不完全是足球技巧的比拼了，而是一种心态上的较量。在这种最紧张、最刺激的时刻，哪个队伍的队员能够保持健康的心态，不骄不躁、镇定从容，哪一队就会取得最终的胜利。

这种比赛和我们的生活其实是一样的，在生活节奏快速的今天，如果一个人能够在紧张激烈的竞争中保持一个良好的心态，那么他的命运将会被自己所掌控。一个心态积极的人，能够将自身的力量发挥到极致，做起事来会更加有力。

熟读历史的人会发现，很多人一开始并不一定比对手拥有更多的优势，甚至是处于绝对劣势。但是，他们却非常乐观自信，相信自己能够击败对手，最终成为帝王将相。与之相对，有的人一旦处于劣势，就会陷入悲观，抱着一种消极的心态沉沦下去。

三国时期，汉献帝刘协被曹操“挟天子以令诸侯”迎奉到许昌之后，整个人就开始逐渐地被悲观情绪所笼罩。

公元196年，汉献帝刘协成为曹操号令诸侯的傀儡，曹操病死之后，刘协被迫让位于曹丕，最终病死。

曹操专权前，汉朝虽然气数渐衰，但仍然有王允、袁绍、黄琬、仆射士孙瑞等大批忠君爱汉之人，如果刘协能够振作起来，也不至于被曹操软禁。由于刘协是个非常悲观的人，他始终认为，汉朝气数已尽，自己只不过是一个傀儡而已，再怎么努力也无力回天了。这种心理使刘协先后被董卓和曹操囚禁。

虽然他也曾不满曹操大权独揽，不甘心作为傀儡，暗下衣带诏，令董贵人的父亲车骑将军董承设法诛杀曹操。但仅仅一次失败就让刘协感到心灰意冷，再度陷入到了悲观的情绪中。

其实，刘协想要杀曹操并不是那么困难。毕竟那个时候有很多将领都是大汉的忠臣。在曹操出去征战时，他还是有机会的。刘协却没有再对曹操下手，因为他觉得，杀死了曹操，又会站出另外一个人来将他软禁起来，他已经放弃了自己的人生，所以他也就这样安于天命了。

比起刘协，他的“皇叔”刘备不过是个卖鞋的，却能通过自己的奋斗在乱世中博得一席之地，并最终三分天下而有其一。而刘协尽管是傀儡，但毕竟生于王室。如果他能够摆脱这种悲观的情绪，努力地重新燃起希望之火，他还是有机会重新夺回大汉王朝的控制权的。历史上，康熙在刚上任时也遭遇了类似这样的问题，但康熙并没有向命运妥协，并没有产生悲观的心理，所以他最后能够杀鳌拜、平三藩，成为一代明君。但刘协却因为自己的悲观懦弱，将自己祖先辛苦打下的江山拱手让给了曹氏子孙，自己最后也忧郁地病死了。

其实现实生活中像刘协这样悲观的人还有很多，他们不甘心现状，不满足于现状，却终日只会长吁短叹，抱怨命运的不公。同样的事情，有人会乐观地去对待，而有的人却总是非常悲观。比如，那些患有重大疾病的人，凡是没有悲观的、顽强与疾病做斗争的人，最后都延长了自己的生命；而那些悲观者们，整天落泪抱怨，最后都是提前离开了人世。

所以说，悲观的心态会让一个人失去动力，悲观会带给人们非常大的消极情绪，受这种消极情绪的左右，人们做起事来也会显得有气无力，很难达到应有的效果。

悲观并不是人类天生就有的心态，而是后天经历过打击和挫折之后逐渐产生的一种心理倾向。同其他心态一样，悲观也可以通过克制和改变，转变成为一种积极的态度——乐观。同悲观正好相反，乐观会给失去动力的人重新补充能量，最大限度地提升一个人的战斗力。

有一位心理学家曾经在自己的研究室做过一次实验：

一天早晨，他一脸沮丧地走进了研究室，对正在工作的研究员们说："噢，天啊，上面下达了命令，我们的研究室就要被取缔了，我们就快要失业了。"这个坏消息一瞬间就让整个研究室的人员变得意志消沉起来，而这位心理学家则非常认真地将此刻的气氛记录了下来。

我们可以试想一下，自己如果也在这个团队中，是不是也会被众人的这种消极的心态所感染呢？反之，如果这位心理学家在走进研究室时，对这些下属说："嘿！伙计们，加把劲儿，上头又拨给了我们一些款项，我们又有新的项目可以研究啦！"这时候，你会发现，所有的研究员立刻会变得非常兴奋，以一个非常积极的心态投入到工作中去。

心理学家的这个实验原理就是心态对个人工作效率的影响。之所以研究室的气氛会变得如此压抑，就是因为这些研究员们听说了研究室要被取缔的消息后，无法调整自己心态所导致的。最后这种消极的心态首先影响到了个人，而个人的心态又对整个环境氛围产生了影响，所以最终整个研究室都充满了消极的气氛，工作效率直线下降。

现代社会压力很大，压得人透不过气，如果这时候，人们能够及时地调整好自己的心态，那么他就会将自己从压力中释放出来，获得积极的前进动力。而如果在这种压力下，一个人没有将自己的心态调整好，那么他就会毫无准备地被这种压力给击垮，最后不但无法实现自己的目标，还会留下一生的烦恼。

一个人，或者是一个团体，如果长时间都被这种消极性心态所影响，是十分不利于发展的。所以我们必须要学会调整自己的心态，以一个积极正面的心态去对待工作、对待生活。只有这样，我们才能改变自己的命运，接近自己的人生目标。

你看到的，是泥土还是星星

心态是人们对事物发展所产生的不同思想状态和发展。就像是硬币分为正反两面一样，心态也分为两种，一种是正面积极的心态，另一种是负面消极的心态。同一个事物，积极乐观的人更多地看到它的正面，消极悲观的人则更多地看到它的反面。即使同一个人，心理状况不同的情况下，看待同一件事物的角度也不一样。

一位年轻的军官要随部队到沙漠里演习，他新婚的妻子舍不得离开自己的丈夫，央求他带着自己一起。在得到了上级批准之后，这位军官带着妻子一起来到了荒凉的沙漠，军官的妻子第一次见到沙漠。

军官白天参加演习，她的妻子就一个人留在营地。沙漠里白天气温很高，即便是她所在的营房有巨大的仙人掌遮蔽，气温也超过华氏120度。军官妻子非常爱干净，但是沙漠里缺水，洗澡的麻烦让她抓狂。当然了，这些还都不是最要命的，她最忍受不了的是孤独。

丈夫带着部队参加演习，整个营地除了她之外都是墨西哥人和印第

安人。她对于墨西哥语和印第安语一窍不通，当地人也几乎不会说英语。于是，军官夫人整天闷闷不乐，一天到晚唯一的乐趣就是坐在窗户边等着丈夫回来。

当地人看到军官夫人如此冷漠，也不敢靠近，认为这位军官夫人不愿意和他们来往。

军官的妻子受不了了，她写信给自己的父亲，抱怨自己的生活，甚至埋怨自己的丈夫，后悔嫁给了他。几天之后，父亲的回信被送到了营地。她收到信后赶紧打开，以为父亲会好言安慰并劝她回去。谁知，信上只有一句话："两个人从牢中的铁窗里往外望，一个人看到了泥土，另一个人则看到了星星。"军官的妻子不禁一愣：是啊，自己还曾经梦想着到沙漠探险，也一直为丈夫而骄傲，怎么能够一直抱怨，一直郁郁寡欢呢。

于是，她开始寻找自己心中的"星星"。她渐渐发现，沙漠的日落非常漂亮，沙漠的植物非常奇特。她开始每天面带笑容，慢慢寻找各种别处感受不到的乐趣。当地的居民也发现军官夫人变得热情而开朗了，他们看到她微笑的时候，不禁感叹她的美貌。他们邀请将军的妻子到他们家里做客，送给她各种各样好玩的礼物。

这位军官夫人的生活开始发生了巨大变化，原来难以忍受的环境变成了令人兴奋、流连忘返的奇景。将军妻子再也没想过抛弃丈夫回家这件事，甚至三个月的演习结束，她走的时候还落泪了。

沙漠还是那片沙漠，依旧荒凉，依旧缺水，依旧风沙凶猛，可是将军妻子的生活却由枯燥变得生动起来，她对沙漠的感情由孤独难耐变成了恋恋不舍。这就是因为军官妻子的心态变化了，她以积极的心态看待眼前的事物，这些事物也就变得分外可爱。促使她心态改变的，是父亲的那句话："两个人从牢中的铁窗里往外望，一个人看到了泥土，另一个人则看到了星星。"

是啊！既然客观情况已经如此，那么，你是看到了泥土，还是看到了星星呢？

人生的道路上，我们会遇到各种各样的情况，以什么样的心态面对这些复杂的情况呢？很多人总是会被心中的消极心理控制，凡事往坏了想，以至于整天愁眉苦脸。这是非常不正常的心理，不利于我们处理日常事务，也不利于一个人的身心健康。只有以积极的心态面对问题，才能够从危机中看到机遇，才能够树立起生活的信心，在人生的路上披荆斩棘，勇往直前。

那么，怎样改变自己的心态呢？这需要我们学会换个角度看待问题，仔细考虑客观事实，从中找出有利于自身的方面，调整自己的眼光。

北宋年间，有一位母亲有两个儿子，她的大儿子是卖纸扇的，她的小儿子卖雨伞的。每天这位可怜的老母亲都是一副愁眉苦脸的样子，因为天下雨了她怕大儿子的纸扇卖不出去，被雨淋坏；天晴了又担心小儿子做的雨伞没有人买。

有一位书生听了她的心事后开导她说：“您可以这样想，一旦天气晴朗，您大儿子做的纸扇就会有很多人购买；而到了雨天，您小儿子做的雨伞也会被别人抢购一空。这样您的两个儿子永远都会生意兴隆的。”

这位老母亲听了书生的话之后，瞬间感到豁然开朗。因为她发现，无论是晴天还是雨天，自己家的生意都会有人来光顾，还有什么事情比这更值得让人高兴的呢。于是她变得眉开眼笑，从此再也没有为儿子的生意担心过。

这位老母亲之所以会放下心里的压力，变得眉开眼笑，正是心态改变带来的效果。如果她没有听到书生的开导，依然按照她固有的那种想法去思考两个儿子的生意问题。这是不对的，她只看到了不利的一面，看不到有利的一面，自然就无法摆脱消极心理。等到她换个角度思考的时候，忧虑也就迎刃而解了。

其实人们对事情的看法，没有什么所谓的对和错之分，只有积极和消极之分。往往一个人对一件事情的看法，就会影响到最后的结果。情绪消极的人往

往最后得到的也是消极的结果，而消极的结果往往又会助长他的消极情绪，如此反复下去，对自身的负面影响是非常大的；而如果一个人在面对同一件事情时，能够换一个角度来思考，那么他就会产生一种“拨开云雾见青天”的感觉。

当我们碰到问题时，千万不要死钻牛角尖，将问题想得那么严重。同样的事情，如果我们能换个角度，改变心态，那么，我们将化消极成积极、化绝望为希望。

除了思考问题方式的转变之外，我们还要磨炼自己的内心，不畏惧，对一切都处之泰然。当一个人克服了自己的畏惧心理和懦弱心理，他就会对人生上的一切打击和挫折都无所畏惧。往往悲观者们都是因为自己懦弱和畏惧才让自己陷入悲观情绪之中的。

在现实生活中，我们会遇到许许多多的困难，尤其在快节奏的现代社会，人们的竞争都非常激烈。如果我们产生了悲观的心理，就会慢慢变得消极，最终被社会所淘汰。如果我们能够摆脱悲观，就会产生一股积极奋进的能量，我们就会在竞争中脱颖而出，最终取得成功。

因此，我们要能够调整好自己的心态，将悲观转化成为乐观，我们才能够发现自己生命中的绿色，迎来属于自己的春天。

要相信“明天会更好”

什么是态度？态度就是你以什么样的心理看待要做的事情，你愿意为之付出多少，你是不是要全力把事情做成。态度决定一切。之所以这么说，是因为人们做事的时候，心理重视程度能够直接影响做事时候的专注度，进而决定事情的结果。

美国成功学家、心理学家罗曼·文森特·皮尔曾经说过：“人生所有的能力都必须排在态度之后。”态度，是一种激发自我潜能的力量。在这一内在力量的驱动下，我们常常会激发自身的无限潜能，只要人们能够把这种潜能正确地用在生活、学习、工作中，一定能够得到意想不到的结果。

美国有一位传奇教练伍登，他在全美12年的篮球联赛当中，带领加州大学洛杉矶分校赢得十次总冠军。他是怎么取得这样的傲人成绩的呢？当有记者向伍登教练询问他成功的秘诀时，伍登很愉快地回答道：“我每天睡觉前，都会告诉自己：我今天做得非常好，而且明天会做得更好！”

记者觉得这个传奇教练在敷衍他，于是他又问了一句：“就只有这么简单的一句话吗？问自己一句话就可以？”

伍登坚定地回答：“是的！这句话是我努力工作的动力！重点和简短与否没关系，关键在于这句话能不能激发你的斗志，能不能引起你的重视，让你以积极的态度去做事。如果心里不重视，态度不端正，就算是长篇大论也毫无帮助。”

由此可见，积极的态度可以激发出人体内最大的潜能，让你在面对一切问题时都可以保持最乐观的心态，永远看到积极的一面。我国古代有很多出名的文人，他们学富五车，才华过人。为什么他们会有那么高深的学问呢？这与古人学习的态度是分不开的。

古代很多有志气的读书人读书就是为了能够走上仕途，一展抱负，最终治国平天下，这就是他们的最高理想。有了这个人生信条，他们就会调动一切积极性，以最认真的态度来读书学习。中国古代的读书人发奋苦学的故事数不胜数。

汉朝信都人孙敬，从小就十分好学，嗜书如命，每天晚上都要通宵看书。但是人的精力毕竟是有限的，有时候孙敬在通宵看书的时候就会不经意间睡着，这就会让他在第二天早起时很烦恼。所以他就找来一根绳子，一头拴在头发上，一头系在房梁上，这样在打瞌睡的时候绳子就会扯动头发，人就精神了。

战国时期的苏秦，年轻没有多大学问的时候就跑去很多的地方，想要做出一点事业，但是又因为自身能力的限制导致他在很多地方都不受重视。他认为别人之所以瞧不起自己就是因为自己读的书少，知识不够丰富，所以他下定决心先回家发奋读书再出去闯荡。于是他每天都坚持不懈地读书，但是有时候晚间读书的时候会感到困倦，那样对书籍的理解能力会大大的下降，甚至完全就是在做无用功。一次他想到了一个办法，每次他在晚间读书想睡觉的时候，他就会用锥子扎自己的大腿，这样疼痛就会赶走困意，又可以认真读书了。

这就是“头悬梁、锥刺股”的故事。当然这样的故事还有很多，例如匡衡“凿壁偷光”用于读书，孙康坐在冬天的白雪中用雪的反光来读书等。古人发奋读书的态度确实值得敬佩，在这一点上，现代人似乎就没有古代人做得好。一个重要的原因就是现代社会功利主义和享乐主义的风气盛行，做事情追求短、平、快，从不刨根问底，心浮气躁的态度使人根本没办法静下心来读书。古人那种“书山有路勤为径，学海无涯苦作舟”的求知态度真的很值得现代的人们去学习。

既然要做一件事，那就从心理上重视起来，调动所有的积极性，只有这样，才有做好的可能。

一位专家曾经说过：生活的状态、人生的方向完全受控于个人生存态度的牵引。我们在生活中所秉持的最重要的态度有如一股无形的力量，左右着我们的每一次选择，最后也决定了我们的一生。因此，无论是做什么事情，我们都要重视，以积极的心理去面对，只有这样，才能有所成就。

责任心撑起一片天

责任感是一种敢于承担、勇于负责的心理。一个人如果能承担责任，就会注意自己的言行和需求，会关心他人，爱护他人，能设身处地地为他人着想，在为他人着想的同时，他自己则会变得更加优秀，有更大的收获。

首先，责任感会激发我们的进取心，使我们变得更优秀。为了担负起自己的责任，我们需要让自己的能力变得更强，做事的时候会做得更好。在承担责任的过程中，我们能收获更多知识，锻炼自己选择与决策问题的能力，变得积极向上。

居里夫人就是一位尽职尽责、勇挑重担的人，她不但对自己的工作尽职尽责，还对自己的子女尽职尽责。

居里夫人30岁的时候生了第一个女儿，35岁的时候生了第二个女儿。生第二个女儿的时候，居里夫人的工作进行到了攻坚阶段，她和丈夫就是在那个时期发现的放射性元素镭。当时居里夫人每天都要花大量的时间来做实验，但是她依然坚持给丈夫和两个女儿做饭。做完饭之后，她还要喂孩子吃饭，并给她们讲故事。

丈夫曾劝居里夫人为孩子请一位保姆，但居里夫人说："工作是我的职责，孩子也是我的责任，我怎么能让别人帮我担当责任？"

面对事业和生活的双重压力，居里夫人之所以能够两者兼顾，源于她内心对于事业和家庭的责任心。现实生活中，责任心强的人，也会尽一切努力，做好自己职责范围内的事情，责任心会使他们变得更优秀、更美。

李飞是北京的一位出租车司机，他的出租车被同事们称为“最美出租车”。

有一次，一位外国客人乘坐了李飞的出租车，车内的情况让乘客大吃一惊：车上铺着干净的羊毛毯，玻璃隔板上是一幅世界名画的复制品，车窗一尘不染……

外国游客惊讶地说：“这是我到中国以来坐过的最干净、漂亮的出租车，小伙子，你是怎么做到的？”

李飞笑着说：“谢谢您的夸奖，其实，我只是尽到了自己的职责。我本来是在出租车公司做清洁工的，当时，我发现每一辆出租车开回来的时候都像垃圾场一样，堆满了各种垃圾。我当时就想，如果有一天我能开上出租车，我一定要负起责任，给乘客坐清洁的车，给清洁工减轻负担。没想到后来我真的领到了出租车牌照，我就把自己的车子弄成了现在这样。每位客人下车以后，我都会重新打扫一遍。所以一直看着都像是新车。”

试想一下，如果我们责任心够强，做工作的时候当然会一丝不苟，我们进步的速度也要比一般人快。工作就意味着责任，每一个职位所规定的内容就是一份责任，想保住自己的职位，就要负起相应的责任。

其次，责任心会让我们更受欢迎。一个责任感极强的人，无疑是一个靠得住的人，是一个值得信赖的人，他会得到别人发自内心的认同和支持。

1968 年奥运会马拉松比赛中，最后一位冲过终点线的是来自坦桑尼亚的选手约翰·亚卡威。就当天的比赛来说，约翰是不幸的，他在比赛中不幸被其他选手撞倒，有一条腿流血不止。他拖着流血的腿跑完了全程。这时候天已经黑了，其他选手有的已经坐上了回国的飞机，有的在准备领奖。但是，现场仍然有一千名观众在等待着他，当他撞线那一刻，所有在场的人都为他鼓掌欢呼。有记者问他：“你的鲜血流了满地，为何你不放弃比赛呢？”他回答道：“国家派我从非洲绕行了3000多千米来到这里，我有责任让国人看到我完成整个赛程。”

约翰肩负着国家赋予的责任，所以他不畏艰难，奋力跑完了全程，最终，他获得了观众们的认可。我们做事的时候也应该这样，虽然我们肩上的责任看起来没有约翰的伟大，但是我们依然不能做一个“逃兵”。只有成为一个责任心强的人，别人才会放心把事情交给我们去做。

著名社会心理学家安布罗斯·皮尔斯说：“责任感是一种很容易就转移给上帝、命运、财富、运气或相关因素的负担。”身为家庭的一分子，为家人分忧解难，荣辱与共是我们的责任。身为公司的一员，我们以公司任务为己任，尊敬领导，与同事和谐相处，获得使命感和成就感是我们的责任。而作为社会中的一员，我们有权利也有义务为社会尽责，小到礼貌待人，拾金不昧，遵守交通秩序，大到坚持原则，伸张正义，为国家或世界奉献自己的力量，这就是我们的社会责任。

无论对于家庭、单位还是社会，我们都要尽到自己的职责，努力扮演好自己的角色。这种敢于承担的责任心，会成为我们成长的动力，会成为我们的魅力所在，进而会成为我们走向成功的阶梯。

你在为谁工作

从心理学角度来说，工作是一个人成长和实现自我价值的过程。在工作中，每个人不仅会获得物质回报，还会满足心理需求。在心理需求中，包括获得安全感，获得尊重，其中最重要的是自我价值实现的幸福感。要想获得自我价值的实现，要想获得更多，我们就要用心去工作。

用心去工作，其实就是敬业。不要把敬业当作是你对公司的恩惠，不要觉得敬业的人不够精明，敬业是社会和企业崇尚的一种高贵品质，是你的内在精神，是一种发自内心的对于工作的热爱和负责。所以说，任何人都是在为自己工作。

问一问自己，你是在为自己工作吗？你够敬业吗？你会不会每一天都坚持完成当天任务再下班，即使老板不作要求？会不会每天提前一点到公司，即使多数同事都是踩着点到？会不会主动去做一些额外的工作任务，即使这些任务不在考核范围之内？

有个木匠，他的技艺非常精湛，造出来的房子美观大方，质量上乘。因此他的雇主非常器重他，一直让他在自己的庄园里做工。很多年过去了，木匠已经年老，虽然技艺越发炉火纯青，但是年岁已大，所以他告诉老板，自己要离开建筑行业，带着妻儿家小安度晚年了。

老板非常注重老木匠的才能，但是又不能强留，就请求老木匠最后再帮忙建一座房子，建好之后就可以离开了。老木匠答应了，并在第二天就着手准备。老木匠还是每天起早贪黑造房子，但是伙计们都看得出来，他早已没有了心思，他用的是软料，出的是粗活。很快，这个做工粗糙的房子就完工了。

老木匠向老板交差的时候，老板说："你不必把钥匙交给我，你在我这里工作了一辈子，如今你要退休了，我就是准备送你一件礼物，这座新房子，就是我要送给你的礼物。"

老木匠听完之后愣在当场，他当然知道这座赶工的房子哪里不好。想到以后就要住在自己亲手粗制滥造的房子里，老木匠心里更是有苦难言。早知如此，当初就应当造出一座最精致的房子。

这个老木匠兢兢业业一辈子，却在最后一项工作中疏忽了，原本是敷衍老板，结果却给自己留下了遗憾。这就是不够敬业，生活中对待工作敷衍了事的人很多，他们漫不经心地工作，其实是在漫不经心地"建造"自己的生活。他们不是积极行动，而是消极应付，凡事不肯精益求精，在关键时刻不能尽最大努力。等他们惊觉自己的处境时，早已深困在自己给自己建造的破"房子"里了。不敬业的人总是以为，反正赚了钱是老板的，做出来的东西自己又不用，公司业绩也与自己工资关系不大。于是，工作报告能少写一页就少写一页，合作完成的工作能少做就少做，老板不在能少干一会儿就少干一会儿……

这样的工作态度是非常有害的，敷衍了事地混日子，不仅会消磨你的激情，让你变得平庸无奇，也会让你与成功失之交臂。我们要明白，企业员工敬业所带来的最直接效用是老板收入的增加，但是间接上，也是自身价值的提升。

你敬业，并不是给别人看的，而是为自己建造成功的基石。敬业，就是无论业绩是否与薪水挂钩，无论老板是不是在旁边看着，无论做出来的东西是不是自己的，无论你心情好与不好，无论刮风下雨，天晴或是天阴，都能够保持兴奋，能够全力以赴，激情满满，以最好的状态把自己的分内工作做得无可挑剔。

杰森和麦克是同一家公司的经理助理，但是他俩的月薪却差别很大，杰森的工资差不多比麦克高了一半。终于有一天，麦克憋不住了，他向经理说明了心事。经理耐心地听着，最后他对麦克说：“你和杰森确实有些不同，我让你看一看你们之间的不同之处。现在请你马上到集市上去，看看市场上正卖什么。”

麦克很快从集市上回来说，只有一个农民拉了一车土豆在卖。“一车大约有多少袋？”总经理问。麦克又跑去，回来后说有30袋。“每斤多少钱？”麦克再次跑到集上。麦克回来后，总经理望着跑得气喘吁吁的麦克说：“你先休息一会儿，看看杰森是怎么做的。”说完叫来杰森对他说：“杰森，你马上到集市上去，看看市场上正卖什么。”

杰森很快从集市上回来了，说：“附近的这个集市中只有一个农民在卖土豆，他一共有35袋，每袋25千克左右，价格比较低，质量很好，我带了两个土豆回来。”说着就给经理看。

在一旁的麦克脸红了，经理让杰森先出去，然后对麦克说：“你看到杰森是怎么做的了吧？这就是你们俩同时进公司、但工资却不同的原因。”

事实上，这两个助理的才能差别并不大，最大的不同之处就在于对于工作的认识上。杰森接到工作任务的时候，会分析自己要做的事情对于公司而言，有什么意义，从而能够将任务做得更加全面，一切为公司利益着想；麦克则只是机械地完成了自己的任务，完全不去想怎样能够使自己做得更好。

现代社会所需要的，就是像杰森一样积极负责的工作态度，将自己要做的事情做到最好，做到最全面。这样的工作态度能让我们在工作中激情迸发，能够让我们变得更好，赢得尊重。敬业的人无论从事什么行业，都会全心全意、尽职尽责地工作。他们获得的不仅是物质上的回报和社会的承认，更是内心的满足，这样的成功，才是真正的成功。

如果你不积极主动，总有一天会处处被动

工业革命给英国带来了翻天覆地的变化，也使英国的国力变得空前强大，英国人凭借他们强大的海军，将很多地区变成了他们的殖民地。在掠夺殖民地资源的同时，英国人还向殖民地的人兜售他们的工业产品。

两个英国的推销员跟随殖民者来到非洲，他们的公司主要生产皮鞋，这两个推销员想到非洲来开拓新的市场。到了沙漠之后，他们发现，非洲本地人根本不穿鞋子，他们光着脚在沙地上健步如飞。其中的一个推销员一下子泄气了：这边完全没有皮鞋市场，非洲人不需要鞋子，我肯定卖不出去。于是，在浪费了一大笔路费之后，他失望地回到了英国。

另一个推销员则不然，他看到当地人都不穿鞋子之后，大喜过望，给自己的同事打电话说自己发现了宝藏，让公司做好加大生产量的准备。然后，这个推销员拿着鞋子去推销，他向非洲人介绍了穿鞋子的好处，并免费赠送了一部分，让当地人体验。很快，赤脚的非洲人发现了穿皮鞋的妙处，他们还觉得穿上鞋子更有身份，纷纷要求购买。这时候，大批量的鞋子源源不断地运往非洲，这个推销员因此赚了一大笔钱，成为公司的非洲区总经理。

同一个公司的推销员，到达了同一个地区，看到了同样的情景，为什么汇报内容却截然不同呢？为什么最终一个赚了大钱，一个毫无收获呢？

这是由两人心理不同造成的，认为没有商机的推销员是以消极被动的心理对待自己的工作的，当隐藏的机遇到来的时候，他看不到；另一个推销员则是以积极主动的心理对待工作，他一直在主动寻找机遇，因此，只要有商机，他就不会错过。

对于积极主动的人来说，人生充满挑战和机遇，每天醒来就是为了不断迎接挑战，超越自我。正是由于不断地主动迎接挑战，不断磨炼自己，他们就像是身经百战的雄狮一样，双目炯炯有神，时刻准备投入到竞争中，这也是他们能够取得优胜的原因。

在竞争日益激烈的现代社会，积极主动是我们把握机遇、赢得成功的最有效的方法。天上不会掉馅饼，机遇只留给有准备的人，主动出击的人能够掌控场面，消极等待只能面对失败。卡耐基说："有两种人将会永远一事无成。一种是绝对不主动去做事，除非别人逼着他们做的人；另一种是即使别人逼着他们去做，也做不好事情的人。那些不需要别人催促就主动做事，并且绝不半途而废的人，一定会取得成功。"

一个人可以缺少知识，可以没有经验，可以没有金钱，这都不可怕，可怕的是没有了激情，不愿意积极主动做事。一个在工作上缺乏积极主动心态的人，一份工作对他们来说，只是一个可以养家糊口得以生存的工具，有时候工作甚至会成为一种负担，他们只想把上司的工作任务完成，达到老板的目标，但是他们从来不会把自己的智慧和激情投入到工作上去，只会做一天和尚撞一天钟。

他们会认为："我工资并不高，不需要付出这么多。""工作嘛，看得过去不就可以了吗？""反正忙也是一天闲也是一天，何不偷会儿小懒呢？"在职场中，有很多人都抱着这种心态，慢悠悠地踩点来上班，然后喝杯茶慢悠悠地进去工作的状态。这种慢悠悠的状态看似比别人轻松，其实，在你毫无知觉的情况下，你的斗志和激情已经在懒散中消失殆尽。只知机械完成工作的人，老板会毫不犹豫地将他排除在晋升考虑范围之外。对于老板来说，消极应对的员工都是蛀虫，只有那些在工作上积极主动的人，才会赢得别人的欣赏。

王一凡刚刚毕业的时候到一家跨国公司做销售人员，他勤奋好学，下决心要好好干上一番。在学校的时候，王一凡总是听到同学说"社会和校园的巨大反差，同事都明争暗斗"。所以进公司后，王一凡比在校内时候更加努力，他虚心好学，前辈们也都乐意向小王传授经验，加上自身的努力，客户猛增，业务渐入佳境。

而那些同他一样新来的几名员工似乎根本就没心工作，他们看公司的工资与销售额关系不大，就不是很在乎。出去联系业务实际上就是逛商场，去趟洗手间晃个半小时。

慢慢地，随着公司业务量的下降，上层意识到公司没有竞争机制，员工过于懒散。于是，公司采取了策略，规定连续两个月业务量不达标准就辞退，而且基本工资压到了很低的水平，只有前十名才能拿到较高的提成。

这时候，几名新的同事有的慌了，没日没夜跑业务，还有的干脆放弃了，说："老员工太多，前十名根本不可能啊，看来就是不被辞退也拿不到提成。"王一凡却仍旧一步一个脚印，他觉得结果没有出来，一切都不一定，自己努力这么久，竞争起来应该是对自己有利的。

果然，两月后，王一凡业务成绩击败了多数老员工，不仅没有被辞退，还被升了职。

有付出才有回报，而被动地工作并不是付出，只是执行任务，只有主动积极地工作才是付出。积极主动的心态能够促使一个人去尽善尽美地做他应该做的事，而不是接到老板和上司的吩咐后，以一种被动的状态不得已才去完成任务。具有强烈进取心的人，总是积极主动地去工作，他工作时，享受工作带给他的乐趣，而不是枯燥和逼迫。

那么，与其浑浑噩噩，等待被淘汰，不如做一个积极主动的人。要知道，懒惰、拖沓、得过且过会将你的奋斗动力腐蚀，让你变得平庸。所以，我们应该马上割掉这些毒瘤，无论现状如何，睁大眼睛去寻找机遇，寻找挑战，每天积极主动地为自己寻找目标，充满激情地去做，那么，你就会越来越优秀。

至关重要的“挫折商”

意志力是一种强劲的心理力量。意志力薄弱的人，遇到一些困难挫折就想要放弃，因此做什么事情也难做好；意志力顽强的人呢，则会创造奇迹，获得成功。

医院里，病情相似的病人，有的靠意志力的支撑，战胜了病魔；有的则消极放弃，最终离开这个世界。战场上，两方打得难分难解，都几乎达到了极限，最终，咬牙支撑的一方获得了胜利，放弃投降的一方就成了失败者。很多时候，客观条件相似的情况下，人与人之所以会有不同的表现，就是心理在起作用，谁的内心更强大，谁就能获得更好的结果。

心理学家认为，一个人要想获得事业上的成功，除了具备高智商、高情商之外，还需要有挫折商。所谓的挫折商，就是指一个人在面对挫折或者逆境的时候，内心的承受能力。调查研究表明，在智商相近的情况下，面对挫折时的心理韧性对一个人的事业起着非常关键的作用。

确实，意志力是一个人心理强度的体现，是一种锲而不舍、永不言败的精神。意志力是人生成功失败的关键，孟子曾说：“天将降大任于斯人也，必先苦其心志，劳其筋骨，饿其体肤，空乏其身，行拂乱其所为，所以动心忍性，曾益其所不能……”可见，要想战胜困难，顽强的意志力是必不可少的。

一些人在经历过失败后，会怀疑自己的能力，自暴自弃，或者是指天怨地，抱怨社会对自己不公平。其实，这些人之所以自暴自弃，不是能力的问题，也不是命运不公，而是他们内心不够强大，他们被困难吓到了，失去了奋斗下去的勇气。这样的人有一个共同点，那就是他们认为挫折约等于失败。成功者则从不言败，他们会被打败，却绝不会被打倒。遇到挫折之后，他们不仅不会放弃，反而会以更大的耐心和毅力面对困境，最终摆脱困境。

如果一个人在面对困难与挫折时，没有强大的意志力支撑，他就会因为缺乏勇气而产生畏惧的心理，但往往人们的心中越是畏惧，困难就越发显得无法逾越。如果一个人总是这样退缩，那么久而久之，他也只能成为一个平庸的人。反之，如果一个人的意志力非常强大，困难和挫折对他来说，就是成功的催化剂，越是困难多，这样的人成长得就越快。他们越挫越勇，以苦难作为自己的动力，走向自己人生的顶峰。

在现实生活中，有很多人在面对困难和挫折时，仍不轻言放弃，而是凭借着自己坚强的性格知难而进、越挫越勇。正是因为他们这样刚强的性格和顽强的意志力，才让他们成为令人敬佩的人。

海伦·凯勒是19世纪美国著名的作家、教育家以及社会活动家，曾被《时代周刊》杂志评选为美国十大英雄偶像，并被视为本世纪最富感召力的作家之一，她的代表作《假如给我三天光明》曾经让无数人重新拾起了对生活的渴望。

在生活中，海伦·凯勒是一个非常文静的女人，很多与她交往过的人，都会被她身上的那种儒雅同时又和善可亲的气质所吸引。这些人性光辉的背后，实际上是她的平常心在不断地散发着温暖和魅力。我们知道，海伦·凯勒是一名聋哑人，在她不到两岁的时候，一场猩红热便夺走了她的视力和听力。面对上帝如此不公的一个玩笑，海伦·凯勒并没有因此陷入绝望与痛苦的深渊，而是坚强地面对周围的事物。

这份平常心不仅给她带来了生活的信念和勇气，也让她时刻怀着一颗感恩的心态对待身边的每一个人。在一张海伦·凯勒的照片里，你可以看到她穿着一身洁白的衣服，坐在一束花跟前，右手捏着一朵玫瑰花，出神地嗅着花的芬芳，神情恬静。这张照片曾经给很多人以感动和震撼，在海伦·凯勒恬淡而平静的表情里，充满了坚韧和毅力，也充满了她对生活的渴望与信念。通过这张照片，你可以真切地感受到她的内心所蕴含的力量与魅力。

在生活中，命运不会真正打败一个人，有的人之所以完全失败，只是因为意志力不足。一个拥有顽强意志力的人，即使遭遇困境，也会坚韧不拔，与挫折斗争，最终获得成功。

反观那些意志力薄弱的人，他们见到困难就首先想到退缩，受一点打击就会抱怨、自卑。试问这样的人又如何跨越障碍，取得成功？所以说，为了实现自己的理想，我们必须要同外部的挫折和内心的障碍进行斗争。

亚里士多德曾经说过："有两样东西比聪明的脑袋更加重要，一是人的心灵；二是人的意志。"是啊！只有拥有顽强的意志力，我们才能够不惧万难，在人生的旅途中实现自己的价值。

在追逐梦想的过程中，如果我们的意志力不够坚定，那就无法在自己的人生旅途中实现自己的理想，更不可能去攀登所谓人生的至高点。所以说，训练个人的意志力，提升个人的意志力是至关重要的。我们要锻炼自己的意志，让自己拥有强韧的内心，在人生最艰难的时刻咬牙坚持，把困难当作是垫脚石，一直坚强有力地走下去。

逆境中，更需要微笑

人生就像一场纸牌游戏，命运负责洗牌，但玩牌的是我们自己。输赢并不可怕，关键是我们能否笑对一切。威尔科克斯说："当生活像一首歌那样轻快流畅时，笑颜常开乃易事；而在一切事都不妙时仍能微笑的人，才活得有价值。"殊不知，困难是对我们意志的磨炼，笑对困难是积极心理的体现，有了积极心理，我们就能够散发出无穷的力量，最终走出困境。

我们无法选择逆境还是顺境，但是我们可以选择哭泣还是微笑，人不是一面简单的镜面，当苦难到来的时候，你可以根据自己的内心做出反应。报以哭泣还是报以微笑，完全取决于你的内心。

笑对苦难，不仅可以让我们保留希望，还可以带给人们一种积极向上的动力，尤其是在面对逆境时。那些遇到困难就哭哭啼啼的人，虽然他们也许会因此博得他人的同情和帮助，但同时他的心气也会随之而减弱。如果一个人在最艰苦的时候能够以笑面对，那么他就会产生一股斗志，最终会破除艰难，取得成功。

在美国纽约，有一个小报童，不管刮风下雨，他每天都会在街头卖报纸。

一天，一个企业家问他："孩子，做这个多长时间了？"

小报童微笑着仰起头说："三年了，从我七岁那年就开始了。"

企业家又问："送一份报纸平均能赚多少钱？"

小报童回答："现在是每份报纸赚十美分，不过偶尔有人会给小费。"

企业家点点头，接着问道："看你每天都笑呵呵的，卖报纸的时候应该很开心吧？"

小报童依然微笑着，说："刚开始时不开心，辛苦不说，送一份报还赚不上两美分，因为当时在那个街区送报的人太多了，许多孩子比我大，比我有经验，我赚不了多少钱。后来不知道为什么，卖报纸的人越来越少，他们看到送报赚钱难，就都悲观地认为干这个肯定不行了，一个个都改行去做别的了，后来我坚持了下来，过了一段时间，生意又好了起来，赚的钱就越来越多了。"

这个报童后来成为美国的"报界大亨"，成为富甲一方的大人物。

小报童的成功，绝不是偶然的，他在许多同行之间激烈竞争的时候没有放弃，在利润很少的时候没有放弃，在生活困苦的时候没有放弃，总是微笑着面对苦难，这种精神让他战胜了苦难，最终把握机会取得了成功。

读过《三国演义》的人都非常清楚曹操这个人物。可以说曹操和刘备的性格正好相反，刘备不管遇到什么事都会哭哭啼啼的，而曹操则不然，他一直在笑，开心了曹操大笑；遭遇失败的时候，曹操苦笑；看不起一个人的时候，曹操讥笑；自己做错事情的时候，曹操自嘲地笑……曹操的这种性格让他的内心非常强大，所以当时的魏国也最为强盛。

困难可以磨炼人，激发人的潜能。奥里森·马登是美国有名的成功学家，他说："在当今世界上，很多人都把他们所取得的成就归功于障碍与缺陷。如果没有障碍与缺陷的刺激，他们可能只发掘出25%的才能，但一遇到痛苦的刺激，其他75%的才能就能被开发出来。"在遇到困难时，请抱着乐观的心态应对，这时你会发现自己身体里有用不尽的能量。

可以说，人面对困境的态度是人们内心情感和性格的一种外部投射。所以我们说，强化内心的过程也是完善自我的过程。当一个人克服了自己性格的懦弱，完善了自身性格的缺陷之后，他的精气神就会逐渐变得强大。当有一天，我们不会再因为现实而抱怨的时候，我们的内心也就完成了它的进化过程。

| 第八章 |

别让坏情绪毁了你的大目标

——不焦躁、不恐惧、不抱怨

控制了情绪，就控制了人生

心理学研究表明，积极的情绪在任何活动中都能起促进作用。而消极的情绪则会大幅抑制人们的活动能力。

在现实生活中，我们经常会发现，一个情绪低迷的人，无论做什么事情都显得心不在焉，一副萎靡的样子；而一个情绪高昂的人，在做事时总是一副动力十足的样子，不管做什么事都充满干劲，效率极高。当然，负面的情绪并不只有萎靡，还包括暴躁、冲动等，都会让我们失去心智，不能高效率地做事。

成功人士就非常擅长控制和支配自己的情绪。大有一种“泰山崩于前而色不变”的沉稳气魄。意大利皮草商人安东尼·迪比奥在谈及自己成功的经验时说：“我并不是什么天才，在这世界上比我聪明、有才华的人比比皆是，之所以我能够超过他们取得成功，只是因为我比他们更善于控制自己的情绪而已。”

控制好自己的情绪从某种意义上来说，就是稳定自己的情绪，不让消极的情绪和心理扩散，影响自己的工作和生活。

在日常生活中，我们经常会遇到各种各样的突发状况。这些状况会让我们的情绪产生大的波动，甚至直接导致情绪失控，将原本进展得好好的事情给搞砸。如果这种情绪失控的现象出现在孩子身上，也许人们会说这个孩子单纯、率直；而若是这种现象出现在成年人身上，人们则会认为这个人不够成熟，做不成什么大事。所以，我们要避免这种情绪失控的状态。虽然我们不至于做到“喜怒不形于色”的地步，但我们至少要学会不让自己的情绪表现过度。

虽然说，有很多人都想要学会控制自己的情绪，但真正能够做到这一点的却并不多。因为在现实生活中，到处都可能出现矛盾，到处都可能发生纠纷，我们做事也不可能总是一帆风顺的。在这种时候，我们就有可能把握不好自己的情绪，出现“脑子一热，就什么都顾不上了”这种冲动的情绪状态。

控制情绪需要一种良好的心理素质。具有这种心理素质的人，能够非常有效地管理和控制自己的情绪，最终实现自己的目标，取得成功。

纵观世界上那些伟大的人物，他们在面对突然变故的时候，没有一个人会表现出抓狂、歇斯底里等情绪失控的状态。因为这些人都明白一个道理，那就是一旦情绪失控，在心理上就已经处于下风，因而就无法思考应对的策略了。我们可以试想一下，如果一个集团的头目在面临突变的时候情绪失控了，他的那些手下会怎么样？一定也会随着领导变得歇斯底里而慌作一团。所以说，这些伟大的人物总是能够统领大局，运筹帷幄。

可以说，一个人如果能够懂得如何让自己避免情绪失控，在面对突变时也依然能处事不惊，那么他的内心一定是稳固而强大的。这样的人往往都有一种统率众人的能力，让周围的人不自觉地信任他、依赖他、听从他的安排。所以说，这样的人是最具有成功者素质的。

那么，在面临自己无法驾驭的事态时，我们要如何避免情绪失控呢？下面我们就一起来看看避免情绪失控的具体方法。

首先，要想避免情绪失控，我们就要学会转移自己的情绪。换句话说，我们要学会躲避这种突发事件带给自己的刺激，将注意力引到别处。

有一家制作皮鞋的工厂，因为谈判失败，眼看就要面临倒闭，全厂上下都陷入了一片恐慌。而这时，老板却在自己的办公室给一个在国外非常好的朋友打了个电话，其中并没有提及自己快要破产的事情，只是与老友叙旧，并询问他在国外过得好不好等。挂断电话后，老板将员工召集起来，和大家说，因为两次生意的失败，我们企业已经快要破产了。大家努努力，在工厂倒闭之前，我们要做出最好的皮鞋，证明我们曾经存在过！正是老板的这种气势，带动了大家的情绪。员工们加班两天，终于赶制出了一批质量非常好的皮鞋，帮助工厂摆脱了这次危机。

如果这个工厂的老板没有及时地转移自己的情绪，也和员工一样恐慌、歇斯底里，那么他就有可能在冲动下将自己一手建立的工厂拱手让人。所以说，当你觉得自己的情绪快要失控时，不妨去做一些别的事情，分散一下自己的注意力，也许就能度过这次情绪危机。

其次，要想避免情绪失控，我们要学会适当地宣泄自己的情绪。当然，这里的宣泄情绪并不是说，在自己的情绪濒临失控时宣泄，那样只会彻底引发情绪的失控而已。我们说的适当宣泄，是指不要将自己的恶性情绪积攒下来，而是时不时地找人倾诉一下，这样在面临突发事件时，就不至于让自己的情绪突然失控，变得歇斯底里。

最后，要想避免情绪失控，我们还要养成经常思考的好习惯。如果一个人经常思考，他的思维就会变得非常开阔，在面临突发事件时，他就会很容易分析出问题出在哪里。这样，他就可以找出解决问题的方法，自然也就不会情绪失控了。同时，一个经常思考的人，他会很清楚自己什么事情可以解决，而什么事情无法解决。为避免这些无法解决的事件发生，他一定会做出很充足的准备，这样自然就避免了这种“突然性”刺激，也自然会避免情绪的失控。

在人生旅途中，一个人的内心如果足够强大，能够在任何情况下都承受住冲击，他就很难被打倒。这样的人能够主宰自己的情绪，所以他们的心态在任何情况下都能够保持稳定。他们知道如何在逆境中寻找希望，也知道如何面对生活中的那些突发事件。对他们而言，所有的这些意外和挑战，都只是走向成功必然要经历的一种磨砺而已。而这些人，最终都会走向自己事业的巅峰。

烦恼往往是臆想出来的

“杯弓蛇影”是中国正史《晋书·乐广传》所记载的一段真实故事，大体是说：有个客人见杯中弓影，以为是蛇在酒中，勉强喝下。后来因为疑虑而生病。等到明白真相后，疑虑才消失，病才有所好转。

杯中自然是没有蛇的，既然没有蛇，酒也就没有毒。那么，这位客人怎么生病了呢？他的致病因素来自心里，正是心中的烦忧使他生了病。

现代人的生活中，烦恼也经常会有。比如说，到了个陌生的环境，我们会感到不安；面临考试时，我们会感到烦躁；面对生活的压力，我们也会感到焦虑等。这些烦恼中，有的是正常的，但其中大部分都是庸人自扰。

有心理学家曾做过调查，他们调查了100位大学生，询问他们的烦恼并记录下来。经过分析之后发现，这些大学生烦恼的事情大都是不必要的。他们烦恼的对象有大约一半是过去的事情，还有一小半是将来的事情，真正由眼前的实际问题引发的烦恼只有极少一部分。这个调查充分说明，很多人的烦恼是源自于内心，而不是外界的挑战和危机。

确实，有位生物学家曾经说过：“世界上没有任何一种动物会像人类这样自寻烦恼。因为人类过于发达的大脑赋予了他们在精神上折磨自己的能力，所以他们总是感到很苦恼的样子。这在动物身上是看不到的。”的确如此。在现实生活中，确实有很多人都在饱受折磨。不管是儿童、青年，还是中年、老年，在他们的精神世界里都会或多或少地产生一些烦恼和焦虑。

事实上，这样的焦虑不安对我们非常不利。如果一个人总是感到烦忧、焦虑、不安，他的心就会陷入到一个慌乱之中去，无法集中精力，丧失对事物的判断能力和分析能力，出现思维混乱，接连犯错，最后形成一个恶性的循环。长此以往，这个人就会变得精神恍惚，提不起精神，而且终日惶惶，生怕自己再出什么差错。

试想一下，如果一个人在人生的关键时刻被这些情绪所影响，会引来怎样的后果？他会开始原地打转，停滞不前，最后变得越来越不自信，变得畏首畏尾、缩手缩脚。

所以，我们必须摆正自己的心态，不让烦恼和焦虑淹没我们，要让自己能够在复杂的情况中保持沉静，应对一切挑战。历史上有很多伟人，都能够在事情发展到最坏情况时，权衡当前的情况，然后强迫自己集中精力来解决问题。

英国公爵威灵顿，他曾多次败于拿破仑之手，手下的士兵每次听到拿破仑的名字都只想逃命。面对这样的窘况，威灵顿公爵也陷入了焦虑之中，但很快他就意识到，自己如果再这样下去，就只能看着自己的祖国被这个野心勃勃的侵略者所征服。于是威灵顿只能强迫自己镇定下来，强迫自己冷静地分析当前战况和敌我的优势劣势，强迫自己做出正确的军事部署。终于，在滑铁卢战役中，威灵顿公爵一举消灭法军，击败了拿破仑所率领的侵略部队。威灵顿成功了，他被英国女皇授勋为“铁公爵”，成为士兵心中那个征服了“世界征服者”的优秀统帅。

如果当年的威灵顿深深地陷入了烦恼和忧虑中无法自拔，他所率领的英国军队就会被拿破仑彻底击垮，而他也就永远失去了成为英国人心中英雄的机会。

当我们被烦恼所困扰时，我们不要惧怕，因为越是惧怕这种负面情绪就会越放大，最后这种负面情绪会形成一个恶性的循环，让我们难以承受。

要想在面临困境时，保持沉静，不焦躁，必须要做到以下几个方面：

首先，要树立对生活的信心，相信自己的能力。只有对自己有信心，才能摆脱对烦恼的恐惧，面对一切都稳如泰山。

其次，要转移注意力，想一些自己喜欢的事情，或是想一些与当前引起烦恼的事情无关的东西，这样也能达到缓解的目的。

再次，不要害怕未来。烦恼大都是源于对于未来的不确定。其实，大可不必为此担忧，人的未来正是因为有那么多未知的东西，才会如此吸引一个人去追逐。而在追逐未来、追求成功的过程中，也正是因为那些不可知的危险和困难的磨炼，我们才能够在一次次突破自我的过程中变得更加成熟，更加完美。因此，不要害怕未知。

另外，现在的生活节奏快，工作压力重，烦乱的工作也会令人们产生焦躁和烦恼的情绪。我们需要端正自己的心态，提高自己的行动力，确立目标后就全力以赴地投入到工作中去，不要想那些没用的事情。

总而言之，烦恼大都是自找的，真正能为我们带来烦恼的事情并不多，我们要善于控制自己的内心，不要自乱阵脚。无论什么时候，无论遇到什么事情，陷于烦恼和焦虑中是于事无补的，我们要冷静地思考，理性地分析，去解决烦恼。

不要被愤怒牵着鼻子走

心理学将情绪分为喜、怒、哀、乐四大类。其中，怒是一种很普遍的不良情绪，它会让我们失去冷静和理智。

生活和工作中，很多事会让我们不顺心，很多人也会让我们难以忍受，这些都会引起我们的怒火。很多人发怒之后，不能够控制自己的怒气，他们会被愤怒牵着鼻子走，做出错误的决定。因此，一个情绪化的人，一个不能够控制自己怒气的人，很难获得别人的认可，很难取得大的成就。

皮索恩是一个不会控制自己怒火的军事领袖，他虽然很有指挥才能，但总是会在情绪的驱使下做出一些不理智的事情。有一次，皮索恩手下的两名士兵外出侦察，却只有一个回来了。当皮索恩询问他另一个士兵下落的时候，他说不上来。皮索恩怒不可遏，当即决定绞死这个士兵。

就在这个士兵将要被绞死的时候，他的同伴回来了。这时候士兵们很高兴，他们觉得自己的战友得救了。于是，他们找到皮索恩，心想，他也会因手下失而复得而高兴。但结果出人意料：领袖由于羞愧而更加暴怒，结果连带着把失踪回来的士兵以及没有立即执行命令的刽子手一起处死了。

作为一个军事领袖，皮索恩由于没有克制自己的冲动，在短时间内竟处死了三个人，这样的举动之下，他在士兵中会营造一个怎样的形象？假如你是皮索恩的上司，得知他这样处理军务之后，你会怎样对待他？还会将军事指挥权交给他吗？因此，能否有效驾驭自己的情绪，控制自己的脾气至关重要。本事一定要比脾气大。

拿破仑在19世纪初的时候纵横欧洲，所向披靡，但是这也引起了很多人的不满。1809年1月，拿破仑正在西班牙的时候，中欧发生了一场新的战争危机，拿破仑命内伊和苏尔特率兵驻守西班牙，自己返回法国。当时，塔里兰是法国的外交大使，他秘密筹划着一项活动，旨在造反。拿破仑刚一抵达巴黎，他的情报员就将塔里兰密谋造反的事告诉了拿破仑。接着，拿破仑召开了一次会议，各大臣奉命前去参会，塔里兰也不例外。

拿破仑其实也察觉到塔里兰的不忠，但是苦于没有证据，因此既愤怒又苦恼。会议开始时，尽管拿破仑旁敲侧击地点出塔里兰的阴谋，但塔里兰却面不改色。为此，拿破仑的情绪非常激动，自然无法遮掩自己的内心活动，他于是走到塔里兰跟前说："某些大臣图谋不轨，巴不得我早点儿死掉！”面对这样的形势，塔里兰依旧坦然自若，透过他的眼睛，在场的人只可以看到丝丝疑惑的神情。这时，拿破仑再也按捺不住了，他朝塔里兰吼道：“我授予你至高的荣誉，赐给你大量的财富，你却阴谋造反！如此的恩将仇报，你还配做人吗？我觉得你跟穿着丝袜的狗没什么两样！”一阵咆哮之后，拿破仑头也不回地走了，大臣们则你看看我，我看看你，满脸的惊讶。

在这之前，众大臣从未见过拿破仑这样失态过。没想到的是，塔里兰这时仍然显得非常镇定，他缓缓地站起来说：“如此体面的人物今天居然这样粗鲁，我感到很震惊，在座的各位也觉得很意外吧！”后来，塔里兰扬言：“这是失败的开端。”拿破仑怒斥塔里兰的消息不胫而走，在人们之间迅速传播开来。正如塔里兰所扬言的一样，此后，拿破仑的声望大大下降了，他的政治生涯走上了下坡路。

拿破仑难以抑制自己愤怒的时候，就是他失败的开端。其实对于任何人都一样，当你的内心被魔鬼占据，迷失了心性，还谈什么成功？

我们要想做对事，要想取得一个又一个的胜利，就要培养自己的心理素质，学会控制自己的愤怒，沉稳冷静地做事，一步步走向成功。

美国研究应激反应的专家理查德·卡尔森曾说：“人们要接受一件事，那就是生活是不公平的，任何事情都不会按计划进行。遇到不顺心的事情时，要冷静下来，要理解别人，不要让不良情绪牵着鼻子走。只有让自己保持良好的心理状态，避免垃圾情绪的积压，才能够总是以最好的形象出现在别人面前，才能获得更多人的认可和支持。”

杰斐逊是美国众议院的一名议员，他一直想要竞选市长。在初期的演讲中，他取得了一些选民的支持，但是相对于自己的对手，杰斐逊显得微不足道。有一天，一位大银行家与他的对手会谈后迎面遇到了杰斐逊，杰斐逊礼貌地打招呼，但是这名银行家显得非常傲慢，他说："没有我们财团的支持，就你，如果你活得长一点儿，你或许可以竞选成功。"

杰斐逊当时就被气得话都说不出来了，银行家的话无疑是讥笑他没有更多的支持，没有前途。但是杰斐逊却很好地将他的气愤转变成了一种动力，更加努力地演讲、竞选，通过一轮又一轮的竞争，民众们逐渐认识到了杰斐逊的真诚，杰斐逊也在最后时刻成功逆转，当选市长。

其实，控制情绪并不能说是一项技巧，这是一种心态，是心理强度的外在体现。

仔细观察你的周围，哪一个成就非凡的人不是沉稳冷静？所以，我们无论身处何种境地，都要保持一种稳重的心理状态，不让愤怒牵着走。只有这样，才能够总是做出正确的选择，才能够让别人看到你的成熟心态和应变能力，才能赢得更多的支持。

忍人所不能忍，成人所不能成

一个人有七情六欲很正常，各种不同的情形之下，自然会产生不同的心理。飞黄腾达的时候，获得别人支持的时候，内心会有高兴的情绪。与之相对，遭遇不公的时候，被人欺压的时候，我们则会觉得沮丧、屈辱。屈辱感会激起我们内心的愤怒，让我们拍案而起，进行抗争。

但是，抗争是需要客观条件支持的。在环境不利时进行抗争，只会让我们的处境更糟。因此，聪明的人能够控制自己内心的感情，梳理自己的心理状态，安静地接受现实，默默地等待时机。

正所谓大丈夫能伸能屈，"屈"，是在蓄势，而非泄气。能屈能伸的人，深谙“小不忍则乱大谋”的道理，在小的事情上做出牺牲和让步，却在大局上取得胜利，自信而坚韧，鸡蛋撞石头的事情，他们是从来不做的。他们是自己内心的主人，不会被各种负面情绪控制，自己支配自己的心理，做出正确的事情。

韩信是西汉的开国功臣，也是中国历史上最杰出的军事家之一，被视为“谋战派”的代表人物。他身上所体现出来的非凡肚量与气概，和他能屈能伸的处世观念是分不开的。《史记·淮阴侯列传》记载了这样一个故事：

韩信年轻的时候，在淮阴遇到一个屠夫。他非常嫉妒韩信，于是当众侮辱韩信说：“看你长得挺高的，还喜欢整日佩带一把长剑，可惜你的内心既胆小又懦弱。”

韩信正要辩解，屠夫接着说：“如果你不怕死，那你就用你的剑把我刺死，如果怕，那你就从我的胯下钻过去。”韩信看了屠夫一会儿，然后真的跪下身来，从屠夫的胯下钻了过去。

如果当初韩信真的一剑捅死了屠夫，那日后西汉可能就不会有一位用兵如神的猛将了，但他遏制了心头的怒火，忍耐了一时的屈辱。一个能控制自己内心的人，面对别人的指责甚至谩骂，总是能够以平和的心态予以回应，不与别人进行无谓的争论，因此总是给人一种大肚能容的气质和魅力。

忍耐就是压抑自己的情绪。忍耐不是逃避，而是在不利的情境下管理自己，等到时机到来的时候更好地爆发。没有耐心的人往往会鲁莽行事，很难成就大事。做任何事情都需要耐心，有耐性才能打好基础，才能守住资本。在山穷水尽之时，更需要耐心来保存实力，等待时机。有朝一日柳暗花明，定能全力而为，成就非凡人生。

汉孝惠帝驾崩之后，吕雉执掌了天下大权。她想把吕氏一族的人都封王封侯，但高祖曾明确规定不能封异姓王。吕雉有所顾忌，便在上朝时问群臣怎么办。王陵等耿直的大臣都说不可以废先王之道，坚决反对封异姓王。陈平却说："以前是以前，现在是太后执掌朝政，太后想怎样都是可以的。"吕雉听了很高兴，马上把吕氏一族的人分封了个遍。

很多耿直的老臣都对陈平的趋炎附势嗤之以鼻，说他见风使舵，愧对先帝。吕氏集团却因此打消了对陈平的猜忌。

陈平曾对王陵说："就算我跟你一起在上朝时跟吕后争执，我们依然争不过她，不如忍辱负重，等待时机。"在当时，吕雉已经大权在握了，硬碰硬只会鸡飞蛋打。于是，陈平顶着骂名帮助吕雉治理江山，吕雉对他越来越信任，还把兵权交给了他。

吕后驾崩之后，陈平马上开始利用自己手中的权力铲除吕氏一族，匡复汉室的社稷。而王陵因为没有什么实权，所以没有帮上什么忙，也没有得到文帝的重用。王陵心里很不痛快，心想自己是汉朝的开国元勋，现在却被架空，越想越气，干脆辞官回家了，七年之后郁郁而终。

王陵的忠直值得我们尊敬，但他的做法却有待商榷。如果一个人不懂得能屈能伸，那么空有一腔抱负，到头来还是无处施展。苏轼说："匹夫见辱，拔剑而起，挺身而斗，不足勇也！"

在为人处世时一定要保持一颗坚忍的心，摒弃对自己不利的浮躁情绪，等待时机。为了最后的成功忍人所不能忍，为人所不能为，默默地积蓄力量，坚忍而不拔，知耻而后勇，自强不息，以屈求伸，最终完成自己的目标。汉代司马相如在他的《谏猎书》中说："明者远见于未萌，而智者避危于无形。"就是告诫人们在受到挫折时要忍耻吞辱，等待时机。生活不可能永远一帆风顺，每个人的情形时刻都有改变的可能，或由辉煌转向暗淡，由高峰跌入低谷，如何在这强烈的反差中保持理智，积蓄力量，有朝一日东山再起呢？这时候，最好的选择就是将耻辱强忍吞下，铭刻心头，然后增强自己的力量，等到时机成熟，抓住机遇，一雪旧耻。

越王勾践，他被吴王夫差打败俘虏以后，在吴国为夫差养马，夫差每次坐车出去，勾践就给他拉马。有一次，夫差生病了，勾践说自己能治夫差的病，可是夫差不让勾践接近他，勾践只能尝夫差的大便来治病，果然，夫差的病很快被勾践治好了。这样过了三年，夫差认为勾践真心归顺了他，就放勾践回国了。

勾践在吴国受尽屈辱，回到越国后，每天都反省自己失败的原因，发现自己的不足，不断总结，激励自己奋发图强。越王勾践一方面反省自己的过错和不足，一方面不断暗自积蓄力量。通过几年的自我反省与准备，他终于打败了吴国，成就了自己的帝王霸业。勾践也因此一雪前耻，成为一名贤能的君王。

《孟子》中有：“天将降大任于斯人也，必先苦其心志，劳其筋骨，饿其体肤，空乏其身，行拂乱其所为，所以动心忍性，增益其所不能。”佛法也有“一切法得成于忍”这样的说法，也就是说忍耐是磨砺自己心性的过程，当我们的内心变得强大，最后受益的肯定是自己。

有脾气就发出来，这样的人只是心里充斥着不良情绪，被愤怒牵着鼻子走的莽夫。有了脾气能够忍得住，做出对自己有利的选择，这样的人才是自己心理的优秀管理者，这样的人才是真的勇士。

不要放弃，要挺住

人生在世，不可能永远安稳，总会经历低谷，总会遇到困境。有的人在困境中自暴自弃，彻底堕落了；有的人则把困境当作是一种磨炼，变得坚强，从而走向成功。艰难困苦对我们来说是绝境或是磨炼，关键在于我们怀着什么样的心态去面对。

我们要以积极的心态面对逆境，当你调整好自己的内心，把逆境当作是一所大学，当作是进步的阶梯，你就会变得更加强大。

一位心理学家说过："许多人之所以不能适应环境，在困难面前畏首畏尾，原因就是他们不敢正视苦难。他们把苦难当作是上天对他们的惩罚，一直在躲避，因此到头来一无所获。拥有勇敢内心的人则会将苦难当作是一笔财富，他们会利用这笔财富，让自己更加富有，更加强大。"

事实上，无论对谁来说，苦和乐都是交错的，有苦必有乐，先苦而后乐，也就是我们常说的"吃得苦中苦，方为人上人"。艰苦的生活是一种磨炼，是对人们意志品质的考验，可以让一个人树立更远大的理想。"天将降大任于斯人也，必先苦其心志……"说的多好，如果连这些都能忍受，前进路上的那些小沟小河还算得了什么呢？

宋濂是"明初诗文三大家"之首，他小时候家里很穷，但是他还是想尽一切办法刻苦读书。那时候也没有什么书店，只有一些达官贵人藏有书，于是宋濂就一个一个地求人家借书给他看。借来之后，马上进行抄录。为了节省时间，他从借来书到还书这段时间全心全意抄书，连饭都不吃，不浪费每一分每一秒。

有一天，宋濂到一位秀才家里借来了一本很不错的书，说好了晚上还。于是宋濂开始抄书，可是当天天气特别冷，砚台里的墨一会儿就冻上了，宋濂的手也冻麻了。宋濂只好抄一会儿，重新研一下墨，结果就抄得比较慢。抄完了书，已经到了深夜，他也一天没有吃饭了。可是来不及了，因为已经过了还书的时间了，宋濂赶快冒着严寒跑到了秀才家，把书还了，还向秀才道了歉。

宋濂的诚信和坚强打动了很多人，人们出于同情，都愿意借书给他。于是他有了机会读更多的书，增加了知识，最终成为了栋梁之材。

家庭条件不好，连书都买不起，这种逆境下宋濂并没有绝望，他以自己的勤奋来面对苦难，最终成为人人敬仰的大学者。坚强的人眼里没有压力，只有奋进的力量。我们应该向他们学习，当我们遇到艰难困苦时，用隐忍聚集力量，用坚强战胜困难！

可能我们在很多方面都不如别人，但是我们不必灰心，只要心中存有希望，这些条件根本就限制不了我们。而且，我们只是暂时处于逆境，只要愿意改变，就一定有机会。对于一个懦弱的人来说，可能经历一次打击就被彻底摧毁了，而意志坚定的人却会一直高昂着头颅，勇敢地走过困境，迎来新生。

拿破仑小时候家里很穷，但他的父亲非常希望拿破仑有所成就，他把拿破仑送进了当时名噪一时的贵族学校。拿破仑周围的同学非富即贵，他们看不起拿破仑，总是欺负他。拿破仑刚入学时选择了忍气吞声，一直控制着自己的愤怒，但是那些富家子弟不愿意放过他。拿破仑终于忍不住了，要求父亲帮他转学，父亲听了他的哭诉，很平静地告诉他："如果是这样，你就更应该留在那所学校。"

拿破仑没办法，只好在那所学校继续学习，一直待够了五年。在这五年里，他不但没有沉沦，反而更加坚强，更加努力。

拿破仑16岁的时候，已经成了一名少尉，而他的父亲也在这一年去世了。他的工资很少，母亲又卧病在床，他花每一分钱都计算得很精确。

在部队，很多士兵的闲暇时光都用在吃喝嫖赌上，而拿破仑不允许自己和他们一样，他要努力改变自己的命运。他在闲暇的时候从图书馆借来各种书籍，自己一个人默默地钻研学问。特别是军事书籍，每一部他都要读上好几遍，而且做了详细的笔记。服役数年后，拿破仑积累下来的笔记装满了四个大箱子。

拿破仑每到一个地方，都会用自己学到的知识绘制一张当地的军事地图，并附上自己的设防计划。他的图和计划是根据军事和数学原理精确制定的，很快就受到了长官的赏识，从此青云直上。

拿破仑的成功离不开他的努力，但还有一个很重要的原因，那就是他意志力足够坚韧。苦难的生活磨砺了拿破仑，把他从一颗顽石磨砺成了一颗钻石。他的意志不是天生的，而是在艰难困苦中磨炼出来的。假如同学们对他敬爱有加，而不是冷酷无情，或是他的父亲允许他转学，那么拿破仑或许会在温室中变得平庸，不会成为一个伟大的人物。

每个人的人生道路上，都会有坎坷，都会有逆境。这是前进的障碍，也是我们的财富。外界的漆黑会有助于你看到光明，而逆境正是上帝帮你淘汰竞争者的地方。你必须知道，你不好受，别人也不好受，就在这个时候你坚持下去了，别人没有，你就已经变得比别人强大了。

“行刑前的最后几小时”

恐惧其实是一种特殊的心理体验，人们试图摆脱某种情境，但是又觉得无能为力，这时候，就会产生恐惧心理。恐惧是一种对人影响巨大的负面心理，在恐惧之下，我们的神经会高度紧张，注意力无法集中，脑子瞬间停顿，难以控制自己的举动。

事实上，人们的绝大多数恐惧都是完全没有必要的，但是这种惯性的恐惧氛围却难以消除。严重者甚至可以将任何事都视作自己的恐惧对象：做生意担心赔钱，吃饭担心吃坏肚子，开窗担心吹风受凉，大声讲话担心隔墙有耳。这种人连仔细看清楚事实的勇气都没有，一味自以为是地沉浸在莫名其妙的恐惧之中，就好像得了恐惧症一样。

相对于引起人们恐惧的对象而言，更加可怕的是人们怯懦的心理。举个例子，如果一个人内心脆弱，他面对很多事情的时候都会感到恐惧。比如这个人将要在一个月后参加一场重要的考试，那么在这一个月的准备过程中，他会一直处在恐惧之中，害怕自己发挥失常，害怕失败，整天提心吊胆。事实上，考试并不是一件令人害怕的事情，令人陷入困顿和恐惧的，是人的内心。

这种自我折磨的行为被维克多·雨果称作是“行刑前的最后几小时”。由这样的称谓，我们就能够了解到其痛苦程度。陷入这种恐惧痛苦的人，会整日吃不下睡不香，无论对什么活动，都没有热情，不能全身心地投入任何一件事。不管身处何时何地，只要一想到将要面对的考试，他便会深陷恐惧之中，难以自拔。

由此可见，恐惧一旦入侵我们的内心，就很可能会一发不可收拾。因此我们一定要提高警惕，坚决不给恐惧以可乘之机。在此之前，已经有很多人沉沦在恐惧的深渊之中，丧失了人生所有的自由与快乐。恐惧感使他们无论在身体上还是心灵上，都遭受了不可弥补的巨大伤害。很多人之所以会忧心失败和贫穷将要降临到自己身上，原因就是无知。当他们意识到自己完全具备成功的能力时，便会自动消除对失败的恐惧。而自信心的缺乏源于对自身才能的过分低估。所以说，我们要建立起自己的自信心，有战胜挑战的信心和勇气，就可以消除恐惧心理。

自信能够帮助我们战胜恐惧心理，让我们越过眼前的障碍。事实上，人们之所以害怕很多事情，是因为不敢鼓起勇气去做，不相信自己能够做成。如果你相信自己，迈出第一步，说不定一下子就做成了，你害怕的结果并不会出现。

有一次，萧伯纳找校长有急事。可是，当他站在校长室门前的时候，却不敢敲门。他心里非常着急，手却抬不起来，他太怯懦了，害怕跟校长讲话。萧伯纳站了一会儿，心想，既然鼓不起勇气，不如走吧。于是，他转身离开。

走了几步之后，萧伯纳又站住了，他想：如果我这次走了，我就永远是个怯懦的人，今天一定要进去！一定要把事情办成！可是，再次走到校长室门口的时候，他又犹犹豫豫。最后，萧伯纳终于敲开了校长室的门，可是，由于他浪费了近半个小时的时间，他的要紧的事情已经被耽误了。

经过这次教训之后，萧伯纳决心彻底战胜自己的羞怯和懦弱。萧伯纳开始试着在众人面前讲话，最初的时候，他的手脚总是哆哆嗦嗦的，有时候连语调都变了。但是，萧伯纳不再退缩，而是不断训练自己。慢慢的，他变得自信起来，讲话的时候底气十足，语言洪亮，再也不羞怯恐惧了。

大多数处于彷徨期的人，都是被恐惧心理绊住了，与萧伯纳的少年时代又何其相似。因为恐惧未知，很多人怕羞、谦卑、多虑、爱面子、怕人耻笑，不敢按照自己的想法做事。对未来的担忧会严重挫伤我们的自信心，让我们对未卜的前途充满惶恐，完全不相信自己将会取得成功。这样一来，成功势必将终生远离我们。因此，我们要时刻对恐慌提高警惕，一旦在自己的情绪中发现恐慌的蛛丝马迹，就要马上采取行动将其驱逐出去。有一剂排除恐慌的良方，叫作无畏与自信。在恐慌面前，你要告诉自己：“恐慌是弱者才有的专利，但显而易见，我绝不是他们之中的一分子！恐慌者全都是卑微的人，而我是强者，绝不会臣服于命运的强势，也绝不会让恐慌占据我的内心。陷入恐慌的情绪是一种莫大的耻辱，我断然拒绝这样的耻辱事件发生在我身上。”

其实很多时候，正是莫名的胆怯，使无数好的建议、好的构想、好的创造被扼杀，使你的事业一直徘徊不前。因此，我们一定要足够自信，战胜恐惧心理，敢于得体地表露自己好的想法和构思，使别人看到自己的才华，看到自己的闪光点。

现实生活中，恐惧心理人人都有，我们并不能完全避免，而是要尽力克服。要想发挥自己的能力，超越自我，消除恐惧心理，保持信心非常重要。在严峻的现实和激烈的竞争面前，很多人在未行动前便败给了自己，这是非常令人惋惜的事情。只有克服恐惧心理，我们做事的时候才能够发挥自己的能力。一个人如果克服恐惧，他的心就会变得无比的勇敢，他将不会惧怕未知，不再怯懦，而是用热情和斗志去面对未知，接受挑战，不断克服困难，成为一个不可战胜的强者。

与其嫉妒，不如努力

嫉妒心理是一种比较普遍的心理。生物之间存在着竞争，有竞争就会有胜负，有高低比较，而人人都想在竞争中获胜，在比较中处于上位，所以当看到别人胜过自己，或者别人有胜过自己的可能时，就会出现嫉妒心理。嫉妒的表现为自己失望、羞愧、有压力、充满怨恨，对被嫉妒者则排斥、冷漠、贬低，甚至敌对，最终害人害己。

在东南亚流传着这样一个故事：

有一个人幸运地遇上了神仙。神仙说：现在我可以满足你任何一个愿望，不管你想得到什么，我都会给你，但有一个前提，那就是你的邻居会得到双份。

那个人又喜又恼，喜的是自己可以得到自己想要的东西，恼的是自

己非常讨厌自己的邻居，巴不得邻居早早死了。他细心一想：如果我得到一份田地，我邻居就会得到两份；如果我要一箱子财宝，那邻居就会得到两箱子财宝；如果我要一个美貌女子，那么，我的那个令人作呕的邻居就会有两个貌美如花的妻子……这简直是无法忍受的！我自己幸运，遇到了天神，为什么他会得到好处，而且得到的比我更多，我绝对不能让他过得好！

想到最后，这个人恨恨地说：你就让我瞎一只眼吧！

很多人会觉得故事中这个人过于偏激了，出于嫉妒，竟然让自己瞎了一只眼睛。事实上，现实中很多人也是一样的，因为见不得别人好，最终苦闷难忍，做出伤害自己的事情来。比如庞涓，本来官运亨通、名满天下，因为见不得孙膑优于自己，居然加害自己的同窗好友，结果自讨恶果。再比如《三国演义》中的周瑜，羽扇纶巾、雄姿英发，结果却由于嫉妒诸葛亮，活活气死了。

由此可见，嫉妒心理确实能够使人丧失理智。引起嫉妒的原因是多方面的。财产、荣誉、地位、成功、聪明才智，甚至是一副好身材、好容貌等，都能引起嫉妒之心。

嫉妒心理的程度有深有浅，各不相同。程度较浅的嫉妒心理往往存在人的潜意识中，所以人们根本察觉不到。上学的时候，看到自己的好朋友比自己成绩好，虽然没有任何想要对朋友搞破坏的心思，但是心里还是隐隐有一些酸楚和不甘心的，这就是程度较浅的嫉妒心理。程度较浅的嫉妒心理基本不会对别人或者自己造成什么危害。然而，当嫉妒心理程度较深时，就会表现为嫉妒者对被嫉妒者挑剔、造谣、诬陷等。这种程度较深的嫉妒心理就会对自己和他人造成损害。影响彼此的情绪，影响彼此之间的关系，对双方的工作生活都会产生影响。

对于别人的优点，我们可以羡慕，可以见贤思齐，但不要使这种羡慕发展成为嫉妒，我们要心胸开阔，意识到，人们都有优缺点，没有绝对完美的人，也没有一无是处的人。见到比自己强的人，要意识到这是正常的，“人外有人”“强中自有强中手”，要勇于承认自己的不足，坦诚地赞赏比自己优秀的人。同样是在《三国演义》中，徐庶就是一个豁达的人，他知道诸葛亮才华盖世，不仅不嫉妒，反而在离开刘备的时候，竭力向刘备推荐诸葛亮。这样的举动，不仅促成了诸葛亮出山，还为自己留下了好名声。

玄德送走徐庶之后，万分伤感，久久不愿离去，还命手下砍去前方挡住自己看徐庶的树林。正伤感的时候，忽见徐庶拍马而回。

刘备大喜过望，问他：“元直复回，莫非无去意乎？”遂欣然拍马向前迎问曰：“先生此回，必有主意。”庶勒马谓玄德曰：“某因心绪如麻，忘却一语：此间有一奇士，只在襄阳城外二十里隆中。使君何不求之？”玄德曰：“敢烦元直为备请来相见。”庶曰：“此人不可屈致，使君可亲往求之。若得此人，无异周得吕望、汉得张良也。”玄德曰：“此人比先生才德何如？”庶曰：“以某比之，譬犹驽马并麒麟、寒鸦配鸾凤耳。此人每尝自比管仲，乐毅；以吾观之，管、乐殆不及此人。此人有经天纬地之才，盖天下一人也！”玄德喜曰：“愿闻此人姓名。”庶曰：“此人乃琅琊阳都人，覆姓诸葛，名亮，字孔明，乃汉司隶校尉诸葛丰之后。其父名珪，字子贡，为泰山郡丞，早卒；亮从其叔玄。玄与荆州刘景升有旧，因往依之，遂家于襄阳。后玄卒，亮与弟诸葛均躬耕于南阳。尝好为《梁父吟》。所居之地有一冈，名卧龙冈，因自号为‘卧龙先生’。此人乃绝代奇才，使君急宜枉驾见之。若此人肯相辅佐，何愁天下不定乎！”

玄德曰：“昔水镜先生曾为备言：‘伏龙、凤雏，两人得一，可安天下。’今所云莫非即‘伏龙、凤雏’乎？”庶曰：“凤雏乃襄阳庞统也。伏龙正是诸葛孔明。”玄德踊跃曰：“今日方知伏龙、凤雏之语。何期大贤只在目前！非先生言，备有眼如盲也！”

徐庶自比诸葛亮的时候，居然用“譬犹驽马并麒麟、寒鸦配鸾凤耳”这样的话语，言语间都是赞赏和肯定，完全没有嫉妒的意思，这也正是徐庶的可贵之处，他不仅有才能，更有胸襟。

我们在生活和工作中，一定要像徐庶一样，不嫉妒别人的才华，承认自己的不足。只有这样，我们才能够提高自己，获得别人的认可。另外，如果能够胸襟开阔，容得下别人的好，我们做事的时候，心里也会更加放松。

总之，当看到别人比自己优秀时，首先要反躬自省一下，看看自己为什么没有做好。如果是不够努力，就要发奋，提升自己。如果某方面实在难以赶上，要大度一些，不去斤斤计较，以平常心对待，把精力用在自己擅长的地方。

借口和抱怨会销蚀心力

在生活和工作中，很多人没有把某件事情做好，没有达成既定的目标，就会找一大堆的借口和理由。还有的人一事无成，但他们不努力提高自己，反而抱怨社会环境不好，将自己失败的原因归咎于命运。这样的借口和抱怨非常有害，会销蚀人们的心力，让人越来越平庸。

借口和抱怨其实是人们为自己找的退路，有了退路，人就有了心理安慰，有了失败的理由。理由找好了，台阶铺好了，人内心紧绷的弦就会松弛下来，失败就成了理所当然的事情。确实，如果一个人没有任何退路，没有任何借口，必须做好一件事，这个人就会全力以赴，主动解决遇到的问题；如果一个人有了借口，有了退路，没有了破釜沉舟的决心，力量就难以完全发挥。

“我之所以来晚，是因为交通太堵了。”

“客户蛮不讲理，所以单子签不下来。”

“领导太不近人情，要求太高，所以年终奖没了。”

……

这些借口和抱怨成了很多人的家常便饭，有了这些借口，上班迟到成了理所当然的事情，工作效率低下也不是自己的责任，事业失败是生不逢时……这些人整天活在怨天尤人的怨恨当中，把所有导致自己的不顺利不如意的原因，全都归结于别人，归结于外因，让自己有了松懈的理由。

他们在找外部原因的时候，也为自己开脱了所有的过错，求得了心理上的安慰与舒坦。可是，反过来想想，借口和抱怨除了给自己松懈的理由之外，是于事无补的，不能让我们更加优秀。只有不给自己失败找借口，改变自己，主动解决问题，我们才能赢得成功。

艾森豪威尔是美国口碑最好的总统之一，他年轻的时候，曾有这样一次经历。一天，艾森豪威尔在晚饭后跟家人一起玩纸牌游戏。那天艾森豪威尔的手气非常糟糕，连续抓几次很差的牌之后，他就开始变得不高兴了，开始不停抱怨。

这时候，艾森豪威尔的妈妈停了下来，严肃地对艾森豪威尔说："如果你要玩，你就必须用你手中的牌继续玩下去，不管那些牌是差的还是好的。"

艾森豪威尔听了之后陷入了沉思，这时，妈妈又说："其实人生也是如此，发给你牌的是上帝，不管上帝发给你怎样的牌，你都必须拿着，你唯一能够做的就是尽你的全力去求得最好的结果。"

艾森豪威尔听了这一席话后如醍醐灌顶，从此以后，艾森豪威尔一直把母亲的这番话当作是自己的座右铭。他总是能够以积极乐观的态度去迎接命运中的每一次挑战，全力以赴地去做好生活中的每一件事情。

确实，人生就像是牌局，你手中不可能总是好牌，但是，无论手握什么样的牌，都要全力求胜，尽可能玩好。牌好不好是你的运气，一手烂牌的情况下，能够兴致勃勃玩，玩到最好，则是你能力的体现。我们平时做事也一样，成事在天，但是你必须充满激情地谋划好，无论做什么，满怀热情，全力以赴，你才能做到最好。

王舒同是一家家具公司的基层业务员。一次，有一家刚落成的旅馆正准备开张，王舒同的几个同事先后找到旅馆老板谈生意，结果无功而返，原来老板有意与另一家家具公司交易。

当同事们都在抱怨客户的冷酷和埋汰另一家竞争对手公司的捷足先登时，王舒同觉得，买不买是人家的自由，而推销不出去东西，是自己的责任。面对同事们这样碰了一鼻子灰的局面，王舒同选择迎难而上。他先与旅馆的一个工作人员交上了朋友。然后假装漫不经心地从那个职员口中套知老板的有关情况，以选择突破口。据他了解，那老板有一个儿子，很喜欢看球赛。老板虽然很宠溺他，但旅馆开张在即，根本抽不出时间陪儿子。

王舒同随后让这个朋友牵线搭桥，自掏腰包带老板的儿子去球场看比赛。在王舒同的陪同下，老板的儿子玩得很尽兴。王舒同的举动令老板十分感动。于是，旅馆老板爽快地从王舒同手中买下一批电视柜。就这样，王舒同啃下了这块硬骨头，得到了领导的赞赏。

当同事们埋怨客户的时候，王舒同没有找借口，而是另辟蹊径，用一种非常规的手段赢得了这个潜在客户。因为他知道，事情的成败，不在于外因。

借口和抱怨是泄气口，也是让我们走下坡路的台阶。有了借口和抱怨，我们的内心就难以坚韧有力。不找借口，不抱怨，全力以赴，我们的能力才能最大限度地发挥出来。

我们在事业上遇到不如意的时候，不要一味地抱怨，不要推脱自己的责任，要用更加饱满的热情和更加成熟的处世方法，将一切问题解决，让自己稳步前进。

| 第九章 |

地低成海，人低成王

——放低自己，才能赢得他人

人们更喜欢有缺点的人

社会心理学家阿伦森曾做过这样一个实验：他让所有参加实验的人听一段录音，录音的内容是四位选手在一次竞争激烈的演讲会上的演讲。在这四位演讲者中，第一个人很有才华，在讲话的过程中没有任何失误，第二个人也很有才华，但在讲话过程中碰翻了杯子；第三个人才华一般，但在讲话过程中没有出现失误；第四个人才华也一般，而且在讲话过程中碰翻了杯子。然后，阿伦森让大家从这四个人的演讲中选出自己最喜欢的人。

实验结果表明，虽然第一个人最出色，但是他并不是最受人们欢迎的人，人们反倒喜欢有才华并碰翻杯子的人。

人们更喜欢有缺陷的人，为什么呢？因为人们都想寻求一种心理平衡。如果你太过完美，没有任何缺陷，别人内心就会觉得你无法接近。当你暴露出某种缺陷之后，别人反而可能觉得你平易近人，比较温和。

因此，聪明的人首先会承认自己并不完美，然后去追求完美。遗憾的是，很多人做不到这一点，他们喜欢在自己的员工面前吹嘘自己的完美、自己的优点。他们不知道，其实没有人喜欢过于完美的人，因为过于完美就远离了真实的生活，也会在不知不觉中与他人产生距离。如果一个人处处都追求给下属留下“完美印象”，只会造成与别人之间心理上的生疏。

圣经《新约·哥林多后书》中有这样一段：“……又恐怕我因所得的启示甚大，就过于自高，所以有一根刺加在我肉体上，就是撒旦的差役要攻击我，免得我过于自高。为这事，我三次求过主，叫这刺离开我。主对我说：‘我的恩典够你用的，因为我的能力是在人的软弱上显得完全。’所以，我更喜欢夸自己的软弱，因我什么时候软弱，什么时候就刚强了。”

人无完人，反过来推，看上去完美的人就让人觉得少了人情味。在生活中，有些人不懂得人情世故，不善于隐藏自己的优势，就会遭到对方的不满或嫉妒。因此，只要不是原则问题，满足一下对方的好胜心，对方反而会觉得你比较大气，是个可以交往的好朋友。若是一味想要把对方比下去，彰显自己的本事，反而惹人讨厌。有时候否定一下自己，暴露一些缺点，你会发觉随之而来的是身心的轻松愉快。

自古“伴君如伴虎”，官场上，为防止别人洞察到你的内心，你就必须处处谨慎，不可暴露你的目标和理想，要适时地“贬低”自己，做出胸无大志的表象来迷惑对手，让对手对自己“放心”、对自己不设防，以免你将来受制于人或被其算计。秦朝的大将军王翦就颇谙让领导放心之道。

在秦始皇统一六国时，大将王翦为秦国立下了汗马功劳。秦始皇担心王翦功高震主，就在攻打楚军时有意重用将军李信。王翦自然知道其中缘由，于是以生病为由告老还乡。后来，李信的军马被楚将项燕打败，李信本人音信全无。秦始皇只好放下架子，亲自去请王翦再次出山。为了表示对王翦的信任，秦始皇亲自赶到灞上为王翦饯行。这时，秦始皇心里对王翦掌握重权这一点还是有所顾虑，并在言谈之间流露出这种顾虑。

王翦为了打消秦始皇的顾虑，就开口向秦始皇索要了许多田宅。秦始皇疑惑地问：“将军就要上战场了，为何突然开口向我求财？”

王翦回答：“身为将军，即便有功也不能封侯，所以臣想在还被君王重用之时请求一些好处，以便造福子孙。”秦始皇见王翦如此坦诚，

顿时放心不少，不禁开怀大笑起来。

到了边关之后，王翦又几次派人回都向秦始皇索要良田。有人觉得这么做有失妥当，就向王翦进言："将军，您这么强请硬求，未免有些过分吧？"

王翦语重心长地回答："不然，秦王疑心重重，现将全秦士兵都托付与我，我若不多请求一些田产，他便会怀疑我别有所图。"

王翦在接受重大任务时坦诚地向秦始皇请求自己应该得到的，既表明了他有信心完成任务，又表明他必然会为了得到报酬而尽全力完成任务，从而打消了秦始皇的疑虑。

当我们被别人嫉妒或者防备的时候，可以让对方先看到你的能力，然后再装作很自然地妥协。在这个"从劣势转为均势，从均势转为优势"的过程中，让胜利于对方，你精神一定十分愉快，对方对你也会有敬佩之心。事实上，隐"优"暴"缺"，成全别人的好胜心，是一种处世的艺术。这样可以使处境不如自己的人保持心理平衡，对你放松警惕，这更有利于我们取得别人的信任，更有利于我们做事。

越低调，越受欢迎

人们一般都会更喜欢谦逊的人，这是人的寻求地位平衡的心理在起作用。在内心深处，每个人都不希望自己被别人比下去，都不希望被别人忽略。因此，高傲、目中无人的人，往往会让人觉得反感，低调谦虚的人则更受欢迎。

生活中你如果总以强硬姿态出现，处处显现自己的优越，总是觉得自己比别人强，处处显摆，别人就会感到反感，觉得被你轻视了，而且容易产生一种逆反心理，想要打击你，让你的自信和强硬受到挫败。这种情况下，你做事的时候很可能会遇到障碍和挫折，你的人际关系也会一塌糊涂。

比如官渡中的袁绍，如果不是因为高傲，他会败给曹操，最后气得吐血身亡吗？关羽不因为高傲，他会被吕蒙白衣渡江，最后败走麦城吗？马谡不因为高傲，他会首战失街亭而被斩首吗？孙坚不因为高傲，会惨遭黄祖毒手吗？高傲的人往往会轻视自己的对手，过分地高估自己、低估别人，这样的人是不讨人喜欢的。

因此，我们要记得低调谦虚地做人。对于大多数成功者而言，这是处理好工作与生活的不二箴言。我们必须明白，人与人生来本就是平等的，任何人都没有高人一等的资本。之所以所处的位置不同，是因为事业上的差距。这就已经说明一个人的高人一等的优越性是通过事业表现出来的，而很多人在事业上一旦成功，就会在生活中也变得趾高气扬，不可一世，横行霸道，将别人踩在脚底，每天摆出“高人一等”的姿态。这样的人迟早要碰壁。

于东东大学毕业之后进入一家私营企业工作，他不仅能力突出，平时也很勤奋，总经理对他非常器重。不到两年时间，他就做到了总经理助理。而且尽管名义上他是助理，很多时候说话却比部门经理更有分量。

这一切的一切都让于东东有点飘飘然，有一次年终聚餐，于东东喝了点酒，说话也就不是很注意：“都看见了吧，我的业绩最好，公司要是没有我……” 这时，于东东没有注意到，几个部门经理的脸色非常难看。

没多久，于东东的话就传到了总经理那里，而由于各个部门非常不配合他的工作，于东东平时做什么事情也显得非常吃力，常常完不成日常任务。两个月之后，公司以一个莫须有的罪名请于东东离开了。

真正有内涵、有实力的人通过出色的能力而取得傲人的成绩，从而在事业上“高人一等”，收获鲜花和掌声；却又在生活中摆出“低人一等”的姿态，不开罪于人，不放松自我的修炼与提升，从而收获真挚的友谊和他人的肯定。

很多人取得一点点成绩就沾沾自喜，就颐指气使，飞扬跋扈，仿佛自己高人一等一样，最后却因为丧失大家的支持而失败。而那些保持低调的人，虽然不显山不露水，但是一段时间后，所有人都会发现他们取得的成就，因为真正的成功是客观存在的东西，时间长了，越来越大，不拿出来显摆大家也能注意到。这个时候，以事业和能力服人，以低调的人格魅力吸引人，何愁做不成领袖呢?

中国的这些历史名人，若论及谦逊，那上古帝王舜绝对算得上是典范中的典范，他功高盖主也从没有显露出高傲，反而一直保持着谦恭，并以平民的身份被四岳推举，先摄政，后被立为尧的继承人。

舜的家世因没落而寒微，虽然是帝颛顼的后裔，但是他的家族连续几世都是庶人，处于社会下层。舜的父亲瞽叟是个盲人，他的母亲在他小时候就去世了。瞽叟续娶，继母对他极为刻薄，父亲待他也不像父亲的样子，弟弟更是心术不正。

为了生活，舜从小就进行繁重的劳动，又经常得不到饭吃。舜是至孝之人，但在家里却屡遭陷害，并被多次赶出家门。

舜只身一人在历山耕耘种植，在雷泽制作陶器，在负夏做生意，颠沛流离，到处奔波。由于他品德高尚，每到一个地方都是一年而成村落，二年成邑，三年成都，令人钦佩，被百姓称之为君主。在那个年代，帝尧只要下令，就可以赏赐平民一块土地而成诸侯，舜完全具备这个条件。

但是，舜从来没有表现出高傲的样子，而是依旧谦逊做事，诚实做人。经过勤奋努力，而得到帝尧的赏识命其摄政，后来执掌天下。尧舜执政时期是历史上最艰难的年代，洪水滔天，但却呈现出前所未有的清平局面，足见舜之德。

试想一下，如果一个高官，能够虚心向农夫请教农业知识，并且和他们一起吃饭聊天，农民会觉得这个官员谦和亲切，会发自肺腑地支持这个官员。如果将军能够放下高傲的架子，和士兵们同甘共苦，在战斗中以身作则，士兵们才会尽心护卫他，他才能攻无不克战无不胜。

为人处世的时候，我们要记着把自己的姿态放低，谦逊一点，经常赞美别人，收敛自己的光芒。你朴实低调，他就愿与你相处，认为你亲切、真实、容易相处；你谦逊顺从，对方的虚荣心得到满足，会认为与你很合得来；你有时候表现出愚笨，别人就愿意帮助你……总之，给人低调的印象之后，你更容易占据心理优势，取得事业上的成功，进而在事业上让别人仰视和尊重。

一定要控制住自己的表现欲

在日常生活中，每个人都有着不同的表现欲，这是一种正常的心理。一般人会通过表现来展示自己，推销自己，博得别人的关注。每个人都想要证明自己的价值，而自己的价值往往存在于他人的评价之中。所以每个人都希望能够得到他人的重视，不想要自己被他人所忽略。而引起重视的方法是什么呢？那就是尽可能地去表现自己。

多数情况下，表现一般都是自然而然地流露出来，让他人觉得非常亲切和自然，没有什么不妥。比如说，在工作中，下属想把自己的工作做得有别于他人，继而得到领导的赏识；在饭桌上，人们可以适度地展现自己，继而让他人感到热情等。这些时候，我们在潜意识中，并没有刻意地要突出自己、表现自己，而单纯只是一种自然的表现。

表现心理有积极的一面，也有不良的一面。积极的一面是，一个人如果喜欢表现自己，那说明他有进取心，为了能够得到他人的认同，他自然会工作积极、学习进步、待人热情。在人生的旅途中，这种进取心会给人们提供坚持下去的动力。

不良的一面是，当一个人想要表现自己，但却遭到他人无视时，他就会故意制造各种“声音”来，如果还是没有引起注意，他就会让这种“声音”变得十分响亮。但是，别人听起来，这种“声音”就是一种“噪声”一般的存在。久而久之，就会让他人产生腻烦的心理，最后真正遭到轻视、忽略，甚至是仇视。

建安十三年，蜀中的张松去许都投奔曹操，并打算献上蜀中的地图，叫曹操夺蜀。到了曹操面前后，他表现得十分张扬，把曹操费尽心思搞出的军事著作倒背如流，还对曹操的士兵进行了一番品头论足，以显示自己的才学，结果被曹操下令乱棍打出。

很明显，张松因为表现欲太强，不能控制自己，才落得如此下场的。所以说，在人生的旅途上，要学会控制自己的表现欲，只有这样，我们才能引起他人的关注和重视；才能建立起良好和谐的人际关系，得到别人的支持和信任。

在竞争激烈的现代社会中，每个人都希望自己是竞争中的获胜者，每个人都希望能充分展示个人风采。但我们在表现自己的同时，一定要注意在不同的时间、地点、场合的表现要恰如其分。经常有人会误以为，只有表现得最“突出”，才会引起他人的关注。但事实并非如此，试想一下我们心中那些成功吸引他人的人，有哪一个在被众人所知之前是过度表现自己的？有些人不管做什么事都喜欢在上司面前表现一番，希望领导能够始终看到他，心里有他，借此得到升职的机会。殊不知，越是这样张扬表现，就越是得不到领导的赏识。因为在领导的眼中，那些勤奋而又低调的人才能够安心委以重任。

确实，过度的表现欲会破坏人与人之间的平等关系。因为想要显示自己、表现自己的人，往往都会突出自己、抬高自己，这样一来，则势必会打压别人，并且诋毁别人。我们要明白，过度的表现也会让别人产生压迫感。因为过度地表现自己的同时，也是在压制他人，否认他人的存在和价值。我们并不需要故意表现给别人看，而是要扎扎实实地去做事情，自然而然地去表现。一个人不刻意装扮自己，不刻意表现自己，这样才是最佳的表现。

很多人在人际交往中总是非常注重人际关系的技巧，却忽略人际交往的基本原则：平等与相互尊重。如果我们在人际交往中，总试图通过高超的技巧和过分的表现来征服他人、压制他人的话，结果往往会事与愿违，造成身边的人都纷纷离去，成为一个孤家寡人。

我们应该以平等关系为基石，有了平等关系才能促进人际关系的和谐，才能在成功的道路上无往不利。我们要学会约束自己，保持平和的心态，实现与他人的和谐沟通。而要想达到和谐沟通的目的，我们必须要学会控制自己的表现欲，留给他人展示的空间；留给他人展示的机会。某种意义上说，这也是一种人性的包容，只有具备这种包容的心态，人们才不至于为了展现自己而产生打压别人、排挤别人的心理。

要想控制自己的表现欲，我们要做到的是：在自己表现的同时，也要注意给他人表现的机会。也就是说，我们不仅仅要做一个发言者，也要学会做一个耐心的倾听者。这样才能让他人感到自己被尊重和接纳。同时，我们还要注意对他人的讲话及时回应，并对他人说得精彩的地方给予鼓励和赞美，哪怕只是回应给对方一个微笑。当对方与自己持相反意见时，我们也要首先肯定他说得正确的方面，然后再谈自己的观点，并要随时注意对方对此的反应是怎样的。如果发觉对方有话要说，一定要让他表达完毕后自己再说。

自我表现欲是人类的基本欲望之一，如果控制在合适的程度，那就是非常积极的一种心理，如果失控，则会让我们失去支持。因此，我们在做事的时候一定要多考虑别人的感受，合理地表现自己，为自己赢得更高的人气。

勇于认错，至少是一种有效的心理策略

很多人都有逃避心理，总是喜欢推卸责任，自己在工作上出现了错误，总是想尽办法把责任推给别人。这种人是很不讨人喜欢的，同事不拥护这种人，明眼的领导也很少用这种人。我们要想获得领导的认可和同事的支持，就要有承担，让人觉得我们值得信赖。

你做错了事情，同事可能会埋怨你，领导可能会批评你。假如你自己不承认，一味辩解，他们就会觉得你没有改过的诚意，靠不住。假如你在他们指责你之前，勇敢地说出自己的错误，他们就会觉得你态度不错，心里就原谅你了一大半。

不仅是工作人员，有些领导也喜欢推卸责任。有了荣誉都是自己的，出了事就把责任推给自己的属下。这样做表面上看起来是聪明，实质上是不明智的。首先，这样一来会让自己丧失了民心；其次，下属们也会跟着学，影响整个部门、单位的氛围。要知道，成功人士并不仅仅是指有气派、有腔调，最重要的是敢说敢做，敢于承担。

宋琦升任分公司经理之后，平时喜欢在员工面前摆出一副领导的做派，说起话来有板有眼，有什么荣耀和好处都往自己身上揽，而一旦出了事又喜欢把责任推到员工身上。

公司的工作过程中出现了什么样的错误，宋琦就会将责任全部推到员工身上。他不止一次说："我把工作任务交代给你们，你们就要保证完成，不能出现差错。一旦有人没有做好，不管出于什么样的原因，我们都会严肃处理。"不过，公司的员工都知道，很多时候都是宋琦在布

置工作的时候出了差错，但他自己绝不会承认，反而一口咬定是员工理解错误。

因为有这么一位喜欢推卸责任的领导存在，公司员工工作的时候完全放不开，办公室里能感觉到紧张的气氛。员工觉得，做得多了就容易出错，因此，他们都是仅仅完成领导交代的任务，一点事情都不愿多做。时间一长，分公司几乎陷入了瘫痪状态，宋琦很快就被免职了。

承认自己的错误并不是表示你能力差，而是一种勇气和心理策略。承认自己的错误就是自我批评，经常自我批评的人一般都很受欢迎。承认自己是错的，并没有损失什么，却能够赢得别人的信任。

奥尔特·巴顿是美国著名的投资大师，当他的事业如火如荼的时候，却栽倒在一次十拿九稳的投资中，因为他的错误使家族损失一大笔资金。巴顿的家人和合伙人都没有过多地埋怨他，巴顿也很冷静，没有在错误出现的时候手忙脚乱，也没有推脱自己的责任，而是主动诚恳地向家人和合伙人道了歉，并且宣布“一定会惩罚自己，让自己记住这次教训”。

就在大家仍然为这次投资失误造成的损失而痛苦不堪的时候，巴顿已经深入反省了自己的错误，找到了产生错误的主要原因，以及避免下次犯同样错误的方法。

不久，巴顿又开始了再一次的投资活动，这时候，他的家人和合作伙伴都害怕他重蹈覆辙，非常担心他。但是大家的担心是多余的，巴顿很快用实际行动证明了这一切，他取得了投资以来最完美的一次成功。在接受记者采访时，他大声宣告：“上一次错误的经验，其实给了我成功的希望。”

美国总统克林顿在性丑闻之后，一直遮遮掩掩，但是由于很多证据都显示这位总统并不是无辜的，民众们并不买账。直到最后，克林顿终

于在事实面前认错。他发表了一场非常精彩的道歉演讲：

像我身边的人所知道的，几个月来我一直在努力解决如何更好地说服自己，向美国人民承认自己的错误行为，同时可以保持我对总统工作的忠诚。

……

我希望美国人民知道，我深深地为我做过的所有的错误言行遗憾。

我从来不应该误导国家、我的朋友或我的家人。很简单，我做了耻辱的事情。我一直在以严厉的话语谴责我的原告，这是不对的。

……

克林顿真诚的道歉赢得了大部分民众的原谅，在之后的听证会上，克林顿终于摆脱了弹劾，继续担任总统。

巴顿在投资中出现了失误，但他仍旧取得了家人和合伙人的原谅和支持；克林顿做错了事，最后仍旧获得了民众的谅解。他们之所以能够做到这些，是因为他们勇于承认错误，这种勇气和承担是人们所看重的。

所以说，做错事并不可怕，怕的是不承认，怕的是推诿。我们要有勇气承认自己的不足，敢于坦率地承认错误，只有这样，才会得到别人的认可和信任。特别是在职场上，勇于承认错误好处多多，首先，可以为自己树立敢做敢当的形象。其次，由于自己敢于承担责任，不推诿过失，可以让领导放心，下属尊敬，同事喜欢。

一个敢于承认错误，有责任感的人，会让人觉得非常可靠，这是一种赢得别人信赖的行之有效的心理策略。我们要敢于承认自己的错误，勇于承担，只有这样，才能成为真正的强者。

对下属也不能高高在上

在一般的企业单位中，领导与下属都会存在一些隔阂，这是双方的级别差距以及利益关系引起的心理距离。如果领导不注重与下属的交流，总是高高在上的姿态，任由心理距离扩大，上下级之间的糟糕关系就可能会成为公司发展的障碍。此外，与下属心理上的疏远，也会使领导失去下属的支持。

因此，领导应该了解下属的心理感受，主动寻求与下属之间的交流，建立和谐的上下级关系。真正和谐健康的领导与下属的关系应当是亲密的，既有上下属关系，也有朋友之间的平等关系。

呆板的上下级关系其实并不利于工作开展，因为如果领导强制下属完成某些任务或是坚决服从自己的命令，那么很可能会让下属不满。一旦这样，下属们做事的时候可能会不太用心，领导的决策也就难以顺利施行，树立威信也就更难了。反过来说，如果领导能真正走进下属的内心世界，真诚地和下属建立良好的关系，那么他们可能会更加尽职尽责，为领导心甘情愿地效劳。这样一来，上下一致齐心，必定能够更好地维持工作的运转。这和兵法上讲的“攻心为上”是一个道理。

作为领导，既不能过于柔和，又不能做冷面“魔头”，该怎样紧紧抓住下属的心理，协调上下级关系呢？

首先，要树立领导风范，多鼓励下属。如果下属陷入了困境，领导要在下属需要的时刻，给出安慰和鼓励。这样既能赢得下属的心，也展现出了领导的风度和个人魅力。假如一个领导对下属的困境不管不问，保持坐视不理的态度，那么他就不会赢得下属的心。如果一个领导能够在下属困难的时候，适当关心一下，他们一定会把你当成自己人，对你更加信任。信任关系一旦建立，信息的上通下达就会更加通畅，下属也会更加支持上级的工作。

再次，领导要放低姿态，认真聆听下属心声。下属的建议是很重要的，有利于领导制定或是完善自己的策略。领导倾听下属的话，是对下属的尊重，同时也可更好地了解每个下属。之后有针对性地对每个下属采取不同措施，那么就能得到他们的人心。如果一味按照自己的想法做事，不知道听从下属的意见，难免出错。

齐威王即位之初，只顾淫乐，不理国事。每天从早到晚都跟妃子们在一起，把国家大事都推给了卿大夫。诸侯都想瓜分齐国，时常在边关骚扰，齐国危在旦夕。文武百官为了讨好齐威王，并没有向他提及边关战事，而是以天下太平告之。

当时的相国邹忌看到这种情况痛心疾首，于是结合自己的亲身体会劝说齐威王：“我自知不如城北徐公美。可是我的妻子偏爱我，我的妾们怕我，我的客人们有求于我，他们都说我比徐公美。现在齐国的土地方圆千里，城池百余座。宫里的妃子和侍从们没有不偏爱大王的，满朝的大臣，又都惧怕大王，全国的人民都有求于大王。由此看来，大王被蒙蔽至深啊！”

齐威王听了恍然大悟，于是发布命令：“所有的大臣、官吏和百姓，能够当面指责寡人过错的，得上等奖励；上书劝诫寡人的，得中等奖励；能够在公共场所议论指责寡人传到寡人耳朵里的，得下等奖励。”命令下达之后，大臣们排着队来进谏，皇宫好像是集市一样；几个月后，进言的人很少了；过了一年，虽然大家都想进言，但已经没有什么可以说的了。

齐威王的事迹给我们留下了诸多启示，其中最主要的一点是做领导要明通审达，多听下属的意见。当初齐威王只顾淫乐，不理国事，群臣想尽办法欺骗他，于是，他背离了明通审达的为君之道，出现了“百官荒废，国人不治的现象”；当齐威王幡然醒悟之际，看清了国家兴衰成亡的趋势，官员们也“莫敢饰非，务尽其情”了。

现实中，上下级之间的沟通交流非常重要，不仅是工作信息之间的交流，也是领导了解下属情绪，掌握下属心理的途径。因此，领导应该注意与下属的沟通，时刻关注下属的情绪变化和心理状况。

吴燕在一家私营公司做销售员，刚到公司时，销售部就她一个女的，大家都很照顾她，有什么大单领导都会带着她去谈。就这样，到公司的第三个月吴燕就获得了销售冠军，深受领导的赏识。

一年之后，吴燕荣升为地区销售经理。从此，吴燕不禁有点飘飘然，变得颇为眉高眼低。她认为自己已经是销售经理了，以后没必要再跟普通员工走那么近。当同事找她帮忙时，她总是爱理不理的，甚至吃饭她都是独自到办公室吃，不跟别人一起在餐厅就餐。没过多久，总经理就找她谈话，对她提出了警告，说她不合群，没有摆正自己的位置，希望她能多跟员工交流，跟大家打成一片。

当然了，与下属交流只是第一步，是表面文章。领导要想跟下属打成一片，还要从内心培养对下属的感情。你把下属当外人，下属也不会把你当自家人；你把下属看得比自己低，那么下属也就不把你当朋友。领导应该多创造机会让下属之间进行沟通，定期邀请下属参与某些活动。与员工交谈的时候把关注的焦点更多地放在下属身上，设身处地地了解下属的期望、志向、看法和价值观，这样的领导才能保持与下属站在相同的高度，才能获得下属们的支持。

总之，在工作场合，领导要想真正赢得下属的心，就必须做到将心比心、平等相待。“得人心者得天下”，领导总是高高在上、眼睛向天，是无法赢得下属真心的。

| 第十章 |

感情作为一种投资

——必须直视的“等价交换”原则

互惠原理

在生活和工作中，当一个人得到别人对自己的好，会自然地产生一种回报的心理。这种心理并不是一种利益交换，而是一种心理上的倾向，这种心理倾向就是心理学上的“互惠原理”。

由于互惠原理的存在，我们在与人交往的时候一定要善待他人。当别人遇到了困难，我们要伸出援助之手。只有这样，当我们遇到困难的时候，别人才会愿意帮忙。

确实，真心相待、相互帮助是人与人之间纯粹的友情，既能够让我们获得利益，又能够给我们温暖的感觉。

维克多家经营着一家食品店。这家食品店建立于数十年之前，名声非常响亮。维克多的父亲死后，维克多成为该食品店的经理。他希望能通过自己的努力，使食品店不断发展壮大。

一天晚上，维克多正在食品店里收拾东西。他打算比平时早一些关闭店门，因为第二天他将会带着妻子去度假。就在他忙碌的时候，突然看到店外站着一个流浪汉。那个流浪汉穿着破破烂烂的衣服，双眼深深陷到眼眶里，脸上没有一丝血色。可以看出，他已经很久没有吃东西了。

维克多是一个乐于助人的人。他停下手里的活儿，走到那个流浪汉面前，说：“年轻人，我能帮你做点儿什么？”

那个流浪汉用带着浓重的墨西哥口音的英语说：“请问这里是维克多食品店吗？”

“没错，这里正是维克多食品店。”

流浪汉非常羞涩地小声说道：“我是墨西哥人，来到这里本来打算找一份工作，可是我找了整整两个月，都没有一家公司雇用我。我父亲年轻时也曾来过美国，他对我说，他对你的商店印象深刻，因为他在这里买过东西。看，这顶帽子就是在你的店里买食品的时候送的。”说着，他指了一下头上戴着的那顶十分破旧的帽子。

维克多看了那顶帽子一眼，发现那的确是从自己店里送出去的，因为帽子那个被污渍弄得模糊不清的“V”字形符号正是自己商店的标志。

流浪汉继续说道：“我从家里来到美国时，就只带了一点儿钱。我一直没有找到工作，钱都已经花光了。现在我已经好几天都没有吃过东西了，而且连回家的路费都没有了。我想……”

维克多明白了这个年轻人的意思。他十分清楚，自己面前的这个年轻人只不过是多年前一个顾客的儿子，自己并没有义务为这个年轻人提供帮助。可是，他觉得自己不能这样无情。于是，他把这个年轻人请到店里，准备了很多食品，让年轻人填饱肚子。

年轻人吃过饭后，精神状态好了很多。维克多与他攀谈起来。他们很谈得来，很快就成了好朋友。为了帮助年轻人回国，维克多还主动拿出一笔路费。

几十年后，维克多食品店取得了很大发展，在美国很多地方都建立起分店。为了让生意做得更大，维克多打算把连锁店开到国外。可是，由于在国外没有根基，开店的风险非常高。因此，他一直没有做出最后的决定。

后来有一天，他突然收到一封从墨西哥写来的信。写这封信的人就是他多年前救助的那个流浪的年轻人。现在这个流浪的年轻人已经今非昔比。他自己开了一家大公司，每年都赚很多钱。他给维克多写信，希望对方到墨西哥与他一起发展事业。

接到信后，维克多的顾虑一下子就打消了。在这个年轻人的帮助下，他把连锁店开到了墨西哥，他的向海外发展的计划迈出了坚实的第一步。

试问，如果维克多没有为那个流浪的年轻人提供帮助，并与之结为朋友，那么他又怎么会轻易地把连锁店开到墨西哥去呢?

著名现代诗人汪国真曾说：“商人之间友情的基础是利益上的互惠，挚友之间友情的基础是心灵上的互惠。”互惠原则是多数人心中的普遍原则，也是我们交友的重要原则。

李科大学毕业后去了南方一家小公司工作。在这家公司里，他负责帮助老板处理一些文书工作，整理一些材料。虽然他每天都忙得不可开交，但是只能拿到很少的工资。

但是，李科省吃俭用，仍旧存下了一些钱。当他准备用这些钱装修家里房子的时候，他的好朋友黎华给他打电话，说自己想要到美国发展，急需一部分钱。李科看黎华比较着急，就把自己的钱借给他了。

黎华非常感激李科，他到美国没多久，就积攒下了钱，把借的钱还给了李科。两人时常聊天，关系更胜以往。

有一天，黎华给李科打电话，说他回国了，打算找几个关系不错的同学一起吃顿饭。李科很想念黎华，所以马上答应了下来。吃饭时，李科提起来自己的事业，唉声叹气。因为他辞了职，想要创业，但是试了两三个行业，都以失败告终，非常苦闷。

这时候，黎华说：“你提到创业我想起来了，我在美国的时候，发现那边有很多自动售货机。这种机器不需要人看守，而且一天 24 小时都可以出售商品，随着时代的发展，这种新的售货方式具有很多优点，将会越来越普及。我原本是准备告诉我的亲戚，看他们谁有兴趣做，现在既然你也在创业，你就做吧！需要什么信息，我帮你查！”

听完黎华的话，李科对这种自动售货机产生了浓厚的兴趣。他想到：将来这种自动售货机一定会遍及大街小巷，目前南方地区还没有一家公司经营自动售货机，所以经营自动售货机的前景将会一片光明。而且，这项生意并不需要太多本钱，我为什么不经营这个新行业呢？

想到这里，他又向黎华详细询问了相关问题，黎华也给他找了足够详尽的资料，还帮他做市场调查。最后，李科下定决心经营自动售货机。他从亲朋好友手中借来 30 万元，之后买来 20 台自动售货机，设置在一些人流量大的公共场所，之后便开始用自动售货机卖饮料、报纸杂志等商品。结果，自动售货机在第一个月就为他带来 100 多万元的利润。此后，他又用这些钱购买了数十台自动售货机。半年过后，他不仅还清了所有欠款，还净赚了 1000 多万元。

李科从一个打工仔，变成一个千万富翁，主要是得益于他从朋友黎华那里得来的信息，并根据信息进行投资。如果没有从黎华口中得到这个信息，他可能还是一个打工仔，每天还在忙得焦头烂额，却只能拿到微薄的工资。

但是，他的成功与他自己的交际是分不开的，他真心对待自己的朋友，以心换心，获得了朋友的支持。

我们在与人交往的时候，一定要以诚相待，拿出真心，只有这样，我们才会成为互惠原则的受益者，获得朋友们的支持和帮助。

想赢得真心，要用真心去换

一个人要想另一个人接受自己的请求，最重要的是打动对方的心。怎样打动对方呢？除了一些表面的技巧之外，最重要的是“精诚”二字。如果你足够精诚，对方就会觉得你是真心的，愿意帮助你。

正所谓以心换心，人们认可别人的前提是得到对方的认可。我们需要做的是获得别人的认可，或者实现自己的价值，就需要精诚，让别人看到自己内心的真诚，才能换取别人的真情实意。

《庄子》中有这样的一个例子：

> 孔子在鲁国的时候，两次遭受冷遇，在卫国的时候，被驱逐出境，在宋国，更是被砍掉讲学遮阴之树。之后，孔子和他的学生们又被围困在陈国、蔡国之间。接连的挫折让孔子非常郁闷，他遇见了一位老渔夫，从老渔夫的言语中看出对方很有学问，就将自己的境遇一一告知，询问原因。老渔夫说：“真者，精诚之至也。不精不诚，不能动人。”

精诚所至，才能让别人觉得你够真，你才能打动别人的内心。那么，精诚的表现是什么呢？那就是诚心、恒心和毅力。“汉初三杰”之一的张良，帮助刘邦推翻暴秦、建立汉朝的功臣，智谋无人可比。就连汉高祖刘邦都曾经说过：“夫运筹策帷帐之中，决胜于千里之外，吾不如子房。”子房就是张良。张良的智谋是天生的吗？当然不是，他也是因为抓住了机会，通过自己的毅力和恒心感动了他的老师，最后得到他老师的倾囊相授，才最终能够用自己的智谋辅助刘邦完成大业的。

张良本来是战国时期韩国的贵族，他的祖父和父亲都当过韩国的宰相，不出意外的话，张良也将会是韩国的宰相。但是，秦国崛起，秦始皇以秦国之地成功地吞并六国，统一天下，使张良失去了子承父业的机会。因此，他注定是要以反秦为己任的。他策划了刺杀秦始皇的活动，虽然计划很好，但是很可惜失败了，于是他只能隐姓埋名躲藏起来。

有一天，张良出门散步，走到了一座桥上时，遇到了一个老人。老人看到张良后，把自己的鞋子丢到了桥下，然后让张良帮他捡回来。张良觉得，老人没鞋子了行动不便，帮他捡回来也没什么，于是就去捡了鞋子。但是没想到过分的是老人居然让张良帮他把鞋子穿上，张良很生气，但想到对方是老人，自己应该尊敬，于是帮老人把鞋穿上了。老人好像对张良很是满意，对他说：“你这个人很不错，我先走了，我们五天后在这个位置再见一次。”张良觉得，既然这个老人提出再次见面就一定是有什么事情，所以他决定五天后再来一次。

五天之后，张良早早就来到了他和老人见面的地方，但是惊讶地发现老人早就站在那里了。老头见到张良来了很生气，说自己等他等得很累，五天后再见面。

五天之后，张良再一次来晚了，当然老人又生气了，于是又约定了五天之后再见。

这次，张良决定不能再这样了。于是他在第四天的半夜就在桥上等候，这次终于比老人来得早了。张良经受住了老人的考验，他的真诚、坚持、隐忍的精神也感染了老人。于是老人收张良做了徒弟，并传授了《太公兵法》给他。从此之后，张良专心研究兵法，并最终辅佐刘邦成功地推翻秦朝建立大汉朝。

再举一个例子。三国时期刘备和他的军师诸葛亮之间的故事相信所有人都知道，那就是三顾茅庐。诸葛亮这样的人中龙凤大多都是心高气傲的，他们不屑于投奔别人。另外，当时刘备穷途末路，几乎没有什么资本，基本上是不可能请得动像诸葛亮这样的人的。诸葛亮确实有大才，要不然也不会得到一个“卧龙”的称号，但是诸葛亮“躬耕于南阳”也确实是事实。他也想要出山去做出一番事业，但是他的骄傲却不允许他自己主动去投奔别人。就在这个时候，刘备出现了，三次访贤，最终获得诸葛亮的效忠。而最后，诸葛亮也真是为了刘备“鞠躬尽瘁，死而后已”。刘备只不过是用了自己的诚心和毅力就轻而易举地把诸葛亮这个绝世高人拉到了自己的战车之上，帮助自己完成了建立蜀汉鼎足三国的霸业，由此可以看出做事情的时候，精诚是多么重要。

人都有感恩之心，相知相惜就是一种恩情。我们平时待人处世的时候，也要足够真诚，拿出自己的真心，换取别人的真心。

“雪中送炭”胜过“锦上添花”

每个人都有感恩之心，无私地帮助别人，能够为我们赢得人气。但是，帮助的时机不同，取得的效果也不一样。别人困难的时候，心里对于帮助更加期待，更迫切需要获得帮助，这时候，你伸出援手的话，别人对你的好感会更加浓厚。

确实，雪中送炭好过锦上添花。一个人春风得意的时候，你去帮他做事情就没有太大的意义。因为他自己就可以解决，或是说即便不能解决也没什么影响。而当他陷入了困窘，你伸出援手的时候，他心里会牢牢记得。

对于任何一个人来说，顺境之中的掌声和赞扬并不是最重要的，而失败时候的理解和支持则往往会让他永生难忘。当一个人失败的时候，你仍然陪在他身边，给他哪怕是很小很小的帮助，他都会记住，并寻找机会回报你。

唐贞观年间，突厥总是在边境生事，是大唐的一个威胁。唐太宗李世民在一番准备之后，御驾亲征，大破突厥，为大唐赢得了很长时间的和平局面。

在这场战争中，薛仁贵表现非常突出，深受李世民赏识。战争结束之后，薛仁贵被封为“平辽王”。薛仁贵原本默默无名，立功之后一登龙门，身价百倍，前来王府送礼祝贺的文武大臣络绎不绝。可是，薛仁贵非常有原则，大臣们送来的重礼他都婉言谢绝，同僚们都觉得薛仁贵不近人情。

可是，薛仁贵并不是什么礼都不收。当他听说普通老百姓王茂生送来美酒两坛的时候，非常开心，命手下把美酒抬进府内，他要马上喝三大碗。

手下的人把美酒抬上来之后，喜滋滋地打开酒坛，可是，里面一丝酒香都没有。仔细查看之后，手下的人发现坛中装的不是美酒，而是清水！他们大吃一惊，连忙跪下禀报：“启禀王爷，收到的‘美酒’其实是两坛清水。”在场的人听到之后，都以为薛仁贵会大发雷霆，重重惩罚王茂生。谁知道薛仁贵听了哈哈大笑，命令下人拿来大碗，当众饮下三大碗清水。

看到薛仁贵这一举动，大家都惊呆了，这薛仁贵为什么不生气呢？送礼送清水，太不把薛仁贵放眼里了吧！

薛仁贵喝完三大碗清水之后，向大家详细说了原因。原来，薛仁贵尚未从军的时候，家里非常贫穷，他与妻子住在一个破窑洞中，衣食无着落，全靠王茂生夫妇经常接济。薛仁贵说：“我过去落难时，全靠王兄弟夫妇帮助，没有他们，我都不知道我能不能活到今天。如今我美酒不沾，厚礼不收，却偏偏要收下王兄弟送来的清水，因为我知道王兄弟贫寒，没有厚礼给我，可是，这两坛清水，却比什么都珍贵。”

确实，薛仁贵发达之后，文武大臣们给他送礼，再贵重的礼物，也只是锦上添花，他都不是特别感动。而王茂生则是在他落难的时候无私地帮助他，那是真正的感情，也是最令薛仁贵感动的。

锦上添花的事谁都会做，但是这不是真正的济人，雪中送炭，才是急人之所急，才是真心实意地帮助别人。所以，我们交友的时候不能趋炎附势，当看到别人遇到了困难，不要吝啬自己的帮助，有时候你的帮助可能就会改变别人一生。而且，尽管你在伸出援助之手的时候并没有抱着任何目的，但有可能获得最真挚的友谊。

每个人的生活都不是一帆风顺的，当别人遇到困难的时候，我们帮别人一把，移开别人脚下的石头，有时正是在为自己铺路。而且，一切都在变化之中，冷庙的菩萨不一定不灵，给落难英雄雪中送炭，等到他有朝一日否极泰来，一定会记得你。

三国时的名将周瑜曾在军阀袁术部下做一个小县的县令。有一年，在他的领地范围内发生了饥荒，加上兵乱期间又损失不少，粮食成了非常严峻的问题。树皮、草根都被饥饿的人们挖出来充饥，很多老百姓都被饿死了。后来，周瑜手下的军队也饿得失去了战斗力。周瑜看到这样的情况之后，急得像热锅上的蚂蚁，不知道该去哪里筹粮。

看到县令如此焦急，有个部下想到了筹粮的路子，他说附近有个大财主叫鲁肃，这个人家境殷实，一定存了不少粮食，而且鲁肃乐善好施，应该会愿意帮忙。周瑜正一筹莫展，听到这个消息之后，立刻亲自去拜访鲁肃。相互介绍完之后，周瑜就郑重而诚恳地说："小弟之所以前来拜访，其实是想借点粮食。"

鲁肃早就听说过周瑜，见面之后发现周瑜举止不凡，心里非常赞赏。听到周瑜的请求，鲁肃爽朗地笑了笑说："此乃小事，我答应就是。"他亲自带周瑜去查看粮仓，当时，鲁肃家里还剩下两仓粮食，各三千担，鲁肃当场把其中一仓送给了周瑜。

周瑜及其手下看见鲁肃如此深明大义，不禁非常佩服，要知道，在饥荒之年，粮食就是生命啊！周瑜被鲁肃的言行深深感动了，俩人当下就交上了朋友。

后来周瑜在东吴当上了将军，他始终记得鲁肃的明理、大义，并把他推荐给孙权。鲁肃从此有了施展才华的机会，后来成为东吴不可缺少的栋梁。

人们羡慕、崇拜，愿意接近已经发达了的人，轻视和疏远落魄的人，这可以说是一种本能的反应。因为在这个优胜劣汰充满竞争的社会，可以说，几乎每个人都有一种上进的心理，都想成为胜利者，所以人们会不自觉地远离失败者，向胜利者靠近。但是，我们要把目光放得长远一些，在帮助别人的时候不要只是为了眼前的利益。要知道，发达的人，对于你的帮助不屑一顾。困境之中的人，才会牢牢记住你的好。

把帮助别人当成一种习惯，乐于帮助人。看看有哪些人需要你的帮助，然后主动提供帮助。别人欠了你的人情，一旦你需要帮助的时候，就更愿意支持你、帮助你。

“邻里效应”：感情投资不要舍近求远

1950 年，美国几位心理学家对麻省理工学院的一部分住宅楼进行了调查。这些住宅楼都是二层楼房，每层有 5 个单元，住的都是学校里的已婚学生。由于学生们并不是长期居住，一些老住户搬走了，新住户就搬进去，因此，住宅楼中谁与谁相邻是随机的。心理学家调查的时候，挨个儿询问学生们相同的问题：“在这个住宅楼，你最经常打交道的、关系最亲密的人是谁？”统计结果显示，学生们交往最多、关系最亲密的，一般都是距离自己近的人。学生们和邻居亲密交往的概率超过40%，隔一户之后，这个数据下降到了22%，隔三户之后，亲密交往的概率只有10%。我们都知道，住隔壁或者是隔两三户，距离变化并不大，但是交往的概率变化却非常显著。心理学家们将这个现象称作是邻里效应。

生活中，人在下意识中都更喜欢和那些看似与自己亲近的人交往。一般来说，住得越近，交往的次数越多，关系越亲密。正所谓“远亲不如近邻”，距离能够影响人们相互之间的情感，人们普遍存在一种建立和谐关系的愿望。

韩灵是一个刚走出校门的大学生，找到工作之后，她租了一个公寓居住，她房间对面是一个单身妈妈及其一个儿子。

开始的一个多月，韩灵早出晚归，对她的邻居没有什么印象。一天晚上，那个街区突然停电了。韩灵一直备有手电筒，以备不时之需。她正准备借着手电筒的光亮睡觉的时候，敲门声传了过来。这么晚了会是谁呢？韩灵打开门，发现门口站着邻居家的小男孩。

“大姐姐，请问你家有没有蜡烛？”小男孩略显紧张地问韩灵，他双手背在身后。

韩灵有点不悦，心想：对面的妈妈也不备蜡烛或者手电，有了特殊情况就让孩子过来麻烦别人。如果我今天借手电给他，说不定他下次还会再来借。还是不要借给他为好。想到这里，韩灵冷冷地说：“没有！”说完，转身就要关门。

“果然没有，我是来给你送蜡烛的！妈妈说你一个人在家，要是没有蜡烛会很害怕，我家有，我妈妈让我给你送过来了。”小男孩一边说，一边把藏在背后的蜡烛递过来。韩灵听完，顿时羞得满脸通红，她赶紧向小男孩道谢，还给他取了零食吃。

从那之后，韩灵和邻居的关系变得非常融洽，她总是会关注自己的邻居，在这陌生的城市里，韩灵也有了家的感觉。

每一个人都希望拥有丰富的人际关系，希望身边有更多的朋友给自己支持，那么，为什么不利用身边的资源呢？比如逢年过节的时候，单位里经常会发一些物品，邻里间的互相走动，不仅增进邻里的关系，有时还会收获意外的惊喜，同时也增加了安全感。用热情与周围的人互动，总是会有意想不到的收获。

张丽华是一家婚庆公司的化妆师，她的业务技能非常熟练，深受领导赞赏。不过，张丽华进公司的时间不长，没有接到大的单子，因此职位没有什么提升。

一天，张丽华看到空了很久的对门搬来了一户人家，当时她就微笑着向自己的新邻居打招呼，对方也礼貌地回礼。第二天傍晚，张丽华做蛋糕的时候，发现鸡蛋不够用，就决定去邻居家问问，即便是没有，也说说话，熟络一下。她礼貌地敲门，开门的是个跟自己妈妈一般年纪的阿姨。张丽华带着歉意很诚恳地说，自己要做烤蛋糕，发现家里的鸡蛋还少两个，能不能借用两个。邻居阿姨也是个热情的人，正愁搬家后“人生地不熟”，很痛快地把鸡蛋拿了出来。蛋糕做好后，张丽华还给对门端过去了几块，邻居阿姨也是连声道谢。

就这样，一来二往，张丽华跟邻居渐渐成为了好朋友，几乎等同于那位阿姨的干女儿了。有一天，阿姨的女儿过来看望她，她便邀了张丽华一起吃饭，介绍彼此认识。吃饭中闲聊，阿姨的女儿跟张丽华说，自己开的婚恋网站近期要举行一次集体婚礼，问张丽华在新娘化妆方面有什么建议。

这是张丽华的专长，她当然知道怎么办了，在向邻居阿姨的女儿介绍了一会儿之后，那阿姨家的女儿请她做这次活动的化妆师，张丽华爽快地答应了。这一大单生意之后，张丽华马上就升职成了公司的主管。

当下的社会，邻里之间关系疏远已是不争事实。每户人家都安上了防盗门，每个人的心也都上了一道锁。这样的邻里关系令人十分遗憾，其实，每个人都希望能有个热情亲近的邻居，平时生活上有个照应，遇到事情的时候能够相互帮助。因此，我们一定要先打开心门，主动向邻居示好，很少有人会拒绝与热心的邻居交往的。

确实，当你用热情对待周围的人的时候，他人也会给你相同的回报。在社会中，人们普遍存在一种建立和谐的人际关系的期望，如果能和周围的邻居打成一片，就会最大限度地避免邻里之间的不愉快，也会更好地方便自己。邻里效应归根结底就是要热情对待身边的人，你懂得关心别人，自然也会得到别人的真心。热情对身边的人也是对自己的一种投资，是拥有广阔人脉的一个开始，是一种惠人利己的明智做法。

感情投资，必有回报

心理学研究表明，情感在很大程度上决定了人对于某个人或者某件事的态度。情感分为道德感和价值感两个方面，具体表现为爱、仇恨、厌恶等。如果一个人喜欢某个人，就会愿意尽心尽力帮助对方。

因此，我们在日常交际中，应该学会感情投资，感动周围的人，赢得他们的支持。

战国时期齐国的孟尝君门下有食客数千人，冯谖也是其中一位。孟尝君府里缺少一位理财收债的人，冯谖主动请命去薛城为其收债，辞行前孟尝君叮嘱冯谖：“收齐了债款，用这些钱可以买一些家里需要的东西回来。”冯谖赶着马车出门了，到达薛城之后，冯谖派出官吏召集那些欠债的百姓前来核对。借约核对完了，百姓们都觉得冯谖要强迫他们还债，一个个非常紧张。哪知道，冯谖烧掉了借约，宣称自己是奉孟尝君之命，免除大家债款的。百姓欢呼雀跃。

冯谖赶回齐国都城后，把这件事情告诉孟尝君。孟尝君问他为什么要这样做，冯谖说：“您的府里什么都不缺，只缺少的东西要算‘义’了，因此我替您买了‘义’。”孟尝君问：“买义怎么个买法？”冯谖说：“如今您只有一块小小的薛地，我认为您应该爱护那里的百姓，而不是用商贾的手段向百姓取利息，我私自假传您的命令把借约烧了，百姓们非常高兴，都感激您的恩德，这就是我给您买的‘义’啊。”孟尝君并不高兴但只好作罢。

过了一年，齐闵王希望孟尝君隐退，孟尝君只好答应并回到封邑薛城去住。走到离薛城还有一百里的地方，百姓们已经前来迎接了，他们扶老携幼，箪食壶浆。孟尝君深受感动，他回头对冯谖说：“先生替我买的义，今天我算是看到了。”

仁义不是实物，因此孟尝君对冯谖用实物和金钱买仁义非常不解。当孟尝君被齐王贬黜回到薛城时，才意识到昔日买的仁义在今天加倍回报了自己。事实上，冯谖帮孟尝君买的并不是仁义，而是百姓们的支持。前期的仁义之举是一种感情投资，这种感情投资打动了薛城的百姓们。当孟尝君落魄的时候，薛城百姓们自然愿意尽心尽力支持他。

我们在与人交往的时候，也要学会运用感情投资，学会真诚对待他人，以此来为自己赢得人心，赢得支持。

战国四君子之首信陵君善于礼贤下士，他的食客达到三千多人。当时，其他国家不敢轻易进攻魏国，就是因为被信陵君的威名震慑。

信陵君听说隐士侯嬴的时候，侯嬴已经七十多岁了。信陵君知道他家里穷，就派人给他送去了大量的金银财宝。侯嬴婉言拒绝，他说：“我虽然家贫，但这些都不影响我修身养性，所以我不会轻易接受别人的施舍。”

于是，信陵君摆下酒宴，邀请了很多魏国的名人雅士。大家都到齐之后，信陵君却要亲自驾车去接侯嬴前来。侯嬴倒也不拒绝，但是也丝毫不客气，径直坐到了马车的上位。信陵君见状不仅不生气，表情反而更加温和。

侯嬴又对信陵君说：“我还不想吃饭，我有个朋友在屠宰场，我想先去那儿看看他。”信陵君就让车夫把车驾到了屠宰场。侯嬴下车之后立刻与朋友攀谈起来，完全不顾及一同前来的信陵君。随从们看不下去了，就在背后偷偷骂侯嬴，但信陵君一直和颜悦色。侯嬴看信陵君如此谦恭有德，于是上车与他一起赴宴。

到了信陵君府上之后，宾客们已经焦躁不安了。信陵君把侯嬴让到了上座，并为他一一引荐到场的宾客。酒过三巡，信陵君又亲自向侯嬴敬酒。侯嬴这才对他说：“我不过是一介乡村莽夫，你却亲自驾车来看我，这是你看得起我。至于让你在屠宰场等我，我是想让人们看清楚你是什么样的人，我想，你的谦恭和和善已经感动了人们。人们可能都认为我太傲慢，是个小人。我都这把年纪了，名声对我来说已经不重要了，只要能为贤能的君主做点事，我就知足了。”酒宴结束以后，信陵君把侯嬴留了下来。

侯嬴去屠宰场看的朋友就朱亥，侯嬴把他推荐给信陵君，信陵君多次去请，但是朱亥一直不肯来。

后来，秦军进攻赵国，赵国向魏国求救，魏王派晋鄙带兵十万前往救援。但晋鄙生性胆小，不敢与秦军交战，只是把军队驻扎在了魏国和赵国的边界。魏王也默许他这么做，信陵君明白唇亡齿寒的道理，所以屡次劝谏魏王，但魏王不为所动。

无奈之下，信陵君决定拼死一搏，带领自己的食客与秦军决一死战。他跟侯嬴讲了这个计划，侯嬴并没有说什么。后来信陵君带着食客们出发了，侯嬴竟然没有来送别。信陵君觉得侯嬴应该出来为自己送别，他这么做必有深意。走了几里路之后，信陵君恍然大悟，心想：侯嬴一定有什么话要对我说。于是，他让队伍原地休息，自己骑着马去见侯嬴。侯嬴见了他笑道：“你去抵抗秦军，无异于以卵击石，而我却没有为你送行，所以你一定会回来找我的。”说完，侯嬴屏退左右，向信陵君出主意：买通魏主的宠姬，通过她窃取兵符，把晋鄙手中的军队夺回来，然后抵抗秦国。”

信陵君依计而行。顺利拿到了兵符。侯嬴又跟他说：“有了兵符也不一定能让晋鄙交出兵权，将在外君命有所不受，我们必须找个人刺杀晋鄙，朱亥就是个不错的人选。”于是，信陵君带着兵符和朱亥一起前往军营。

侯嬴为他们送别时说：“我本应该与你们一起前往，奈何我年老体衰，对你们来说是个累赘。我计算着时日，等你们取得了成功，我就自杀来为你们送行。”

一切顺利，朱亥杀死了晋鄙，信陵君夺取了军权，率军击退了秦军，保住了赵国。而侯嬴也为“知己者”死。

侯嬴之所以愿意不惜一切帮助信陵君，是因为信陵君的所作所为打动了他。建立在利益之上的友情毕竟是浅薄的，而建立在真挚情感上的感情则会让人死心塌地。包括后来的诸葛亮也是一样，刘备没有许他高官厚禄，但是凭借真诚的情谊打动了他，所以，诸葛亮愿意为他“鞠躬尽瘁，死而后已”。

人是有情感的，而且人的态度和行为受到情感的控制，因此，我们在交际的时候，要学会感情投资，与值得交往的人建立深厚的感情，只有这样，当遇到困难的时候，我们才可以得到更多更有力的支持。

| 第十一章 |

真心善待他人，世界将向你敞开

——善良者多助

尊重他人，是交际的前提

每个人的尊严都是宝贵的，每个人在内心深处都希望得到别人的尊重。因此，尊重他人，是交际的前提，我们只有尊重每一个人，才能够得到对方真正的认可，获得对方的好感。

有一个富人下了火车，匆匆走过火车站广场。走到广场边的时候，他看到一个失去双腿的残障人士在路边摆了一个小摊，小摊上是一些杂志。这个富人经过小摊的时候，从口袋里掏出一张百元大钞，扔在了小贩面前的盒子里，然后径直走开了。

走了几步之后，这个富人对自己刚才的行为感到后悔，他马上回到那个残疾人身边，非常惭愧地说："实在对不起，你和我都是一个生意人，我居然把你当成了乞丐，我刚才的行为很不好，我向你道歉。"小贩愣了一下，随即笑着点点头。

过了一两年，这个富人又从火车站经过，这时候他已经不是富人了，他破产了，正在四处借钱。当他走到火车站广场对面的时候，看到了一家很气派的书店，他走了进去，想看看书，顺便歇歇脚。走进店里之后，书店的老板坐着轮椅，面带微笑迎上来。这时候，他俩都愣了一下，原来，这个书店老板就是两年前的那个小贩。

书店老板说："大恩人，我就是你以前见到过的那个卖杂志的残疾人，我那时候整天都在摆摊，别人都是把我当成一个乞丐，只有你把我当成生意人，实在太感谢你了，现在我真的成了一个生意人。"

两人聊了起来，得知富人的困境之后，书店老板一起帮他想办法，还资助了他一部分钱。不久之后，富人渡过了难关，两人也成了知心好友。

如果那个富人第一次见到小贩的时候，只是扔下钱走了，而没有回过头去道歉，他和那个小贩可能根本不会认识，他俩也绝不会成为好朋友。正是富人的尊重，让小贩重拾生活的信心，同时也对这个富人心生感激。

确实，每个人都有自尊，都希望获得别人的尊重。那些尊重别人的人，能够建立良好的人际关系，能够获得别人的认可。而那些不尊重别人的人，会失去别人的支持，甚至会毁掉自己的前途。

一天，一位中年妇女带着一个小男孩来到一个花园里，坐在长椅上休息。这个花园位于一个国际知名集团总部所在的写字楼的下面。而那个中年妇女是那家集团下属的一家公司的部门经理。她指着小男孩，嘴里喋喋不休地说个不停。可以看出，那个小男孩是她的儿子。

就在距离这位中年妇女和小男孩不远处，有一个人正在修剪灌木。他是一个老年人，满头都是白发。就在这个老人专心致志地干活时，那个中年妇女突然从随身携带的包里拿出一团卫生纸，将其丢在老人刚刚修剪过的灌木上。老人感到有些不可思议，就回头看了中年妇女一眼。发现老人在看自己，中年妇女满不在乎地与他对视。过了一会儿，老人默默地走到那团纸前，将它捡起来放到旁边的垃圾箱里。

不大一会儿，那个中年妇女又将一团卫生纸扔到刚才的地方。老人

再次停下手中的工作，将卫生纸捡起来扔到垃圾箱里。就在老人拿起剪刀，准备开始工作时，那个中年妇女又把第三团卫生纸扔到了灌木上。老人又一次默默地把纸团放进了垃圾箱。此后，中年妇女又相继扔了六七个纸团，但老人一点儿也没有生气，只是把纸团捡起来放到垃圾箱里，之后继续修剪灌木。

中年妇女指了一下那个老人，对小男孩说："你看那个修剪灌木的老人，他为什么只能做这样卑微的工作呢？这是因为他没有知识，当年没有好好上学。如果你不好好上学，将来也会跟他一样没出息的。"

老人实在听不下去了，就走到中年妇女面前，说："这位女士，这里是集团的私人花园，除了集团的员工外，外人是不可以进来的。"

"我当然知道了。我就是这家集团下属公司的部门经理，这就是我的工作地点。"中年妇女趾高气扬地说道，同时从包里拿出一张证件，在老人面前晃了几下。

老人思考了一会儿，然后非常客气地对中年妇女说道："请问能否把您的手机借给我用一下？"

中年妇女有些不情愿地掏出手机，递给了老人。她又趁机教育儿子说："你看，他这么大年纪了，竟然连手机都买不起，这就是年轻时不好好读书的后果。所以你一定要努力读书。"

老人接过手机，按了几个数字，拨通了电话。打完电话后，他把手机还给了中年妇女。过了片刻，一个中年男人大步流星地向老人走来，之后非常恭敬地站在老人面前。老人用平静的语气说："这位女士是集团下属公司的部门经理，我觉得她无法胜任，所以建议将她的职务予以罢免。"

"我立即按照您的指示去处理这件事。"

老人走到小男孩儿身边，摸着小男孩儿的头，说："我要告诉你，在这个世界上，无论你的身份和地位如何，都要尊重每一个人。"说完，他就缓缓地离开了花园。

中年妇女认出那个男人就是集团负责任免各级员工的主管，她不明白那个主管为何会对刚才那位老园丁如此恭敬。“刚才那个老园丁是什么人？你为什么要如此尊敬他？”

“他可不是什么老园丁，他是集团总裁詹姆斯先生！”

知道老园丁的真实身份后，中年妇女大吃一惊，一下子瘫倒在椅子上。

作为一个国际集团的主管，这位中年妇女并没表现出应有的素质，她连尊重别人这个最起码的素质都不具备。她在老园丁面前展现的盛气凌人的姿态让人反感。因为不懂得尊重别人，她被集团罢免了职务，失去了工作。有人会觉得这个妇女运气不好，碰上了总裁。其实，这件事情并不是巧合，这个妇女没有尊重别人的素养，心高气傲，终究会从高处跌落的。

人们在日常交往中，必须要本着互相尊重的原则，因为只有尊重别人的人，才会得到别人的尊重。如果不尊重别人，那就很难获得别人的信任和支持。

尊重别人并不是一件困难的事情，从生活中的点滴做起，我们每个人都能成为一个尊重别人的人：在学校里，上课专心听讲是对老师的尊重；在食堂就餐，吃完饭后把餐具放到指定的区域，是对食堂工作人员的尊重；在寝室里，休息时间不打搅别人休息，是对室友的尊重；在职场上，对自己的领导不奴颜婢膝是对自己人格的尊重；对自己的下属不颐指气使是对别人人格的尊重……

总之，我们要在日常生活和工作中学会尊重别人，只有获得别人发自内心的肯定和喜爱，我们才能够建立良好的人际关系，取得事业的成功。

建立信任，才会相互支持

1958年，美国的心理学家德斯彻将信任研究引入到心理学领域。人际信任被认为是由个人价值观、态度以及情绪共同作用的产物，是一系列的心理活动。

信任是人与人之间交往的基础，双方相互信任，才会消除戒备心理，才能真心诚意地相互支持。因此，我们要扩展自己的人脉，想得到别人的支持，关键在于信任别人，并赢得别人的信任。

迈克因为家庭暴力被判入狱两年。出狱后，他又因为用语言恐吓女人而遭到警察逮捕。那些认识他的女人，只要一听到他的名字就会被吓得胆战心惊。迈克想要找一份工作，过正常人的生活。可是，由于有犯罪前科，他遇到了很多困难。没有哪家公司愿意雇用一个经常殴打女性的暴力男。他还成为妇女保护组织的重点照顾对象。经常有妇女保护组织的工作人员来找他，询问他是否交上了新女朋友，并警告他，如果敢再对女性使用暴力的话，就会再次把他送进警察局。在那段时间里，迈克简直快要崩溃了。有时，他甚至想买一把手枪，在大街上对着人群扫射。

一个偶然的机会，他在酒吧认识了一个女孩，从此他的人生出现了重大转折。那个女孩名叫康妮。她在酒吧遇到了迈克，并与迈克进行了短暂的交流。

在谈到康妮时，迈克羞涩地说道：“在第一眼看到她时，我就觉得她对我来说非常重要，是我一辈子需要的女人。在她身上，我发现了一种真诚，她是我出狱后第一个真心和我谈话的人。我觉得，与她相处我很有安全感。其实男人也需要安全感。在她身边，我不会被轻视，也不会被怀疑，她总是能够看出我内心的想法，不断地激励我前进。在我遭遇挫折时，她从来不会看不起我，伤害我，而是帮我寻找解决问题的办法。”

如今，迈克已经成为业务覆盖美国西部大部分地区的一家快递公司的老板。在他的领导下，这家快递公司的业绩不断攀升，公司资产已经达到了400万美元。值得一提的是，康妮不仅成了迈克公司的大股东之一，也成了迈克的新婚妻子。

毫无疑问，康妮之所以能够走进迈克心里，最主要在于她给予了迈克信任与支持，而这正是迈克最需要的东西。

信任是人际交往过程中连接人与人的纽带，也是获得别人支持的基础。如果一个人无法获得别人的信任，那么他也就无法获得别人的支持。所以说，我们必须要拥有正直的人格，提升自己的责任感，增强自己的可信度。

信任非常可贵，但也非常脆弱。人们信任一个人，就意味着必须承受被对方伤害的风险。人的内心都是趋利避害的，因此，如果你辜负别人的信任，伤害对方，想要再次建立信任就非常困难。

某杂志曾刊登过这样一个故事：

大黄是一条训练有素的军犬。每次进行辨别嫌疑犯的训练，它总是能够在第一时间就把嫌疑犯找出来。

一天，训导员又牵着大黄来到训练场进行训练。训导员一声令下，大黄迫不及待地向前冲去，没过多久就叼着丢失的东西跑回训导员身边。之后，它又向人群跑去，嗅了几下就找出了小偷，并将其咬住。它认为自己顺利地完成了任务，就自信满满地跑回训导员身边，等候训导员给它奖励。可是，训导员非但没有奖励它，还摇着头对它大喊道：“大黄，你认错了，嫌疑犯不是他。再去找！”大黄非常信任训导员，它不会对训导员的命令产生怀疑，所以尽管它觉得训导员并不正确，但也只能按照训导员的命令，再去搜索嫌疑犯。于是，它再一次搜索嫌疑犯，而且比上次搜索得更加仔细。不过，它还是把那个小偷给叼出来了。它疑惑地看着训导员，哪知训导员对它说：“不是他，再去找！”大黄看了训导员很久，之后再次跑过去辨识嫌疑犯。这一次，它更加仔细地辨识，但还是认为自己前两次并没有错。可是，训导员仍然说它认错了，并对他大吼道：“绝对不是这个人。”

大黄一直非常信任训导员，所以当听到训导员这样说时，它的自信心被彻底击溃了。它按照训导员的命令，继续搜索嫌疑犯。它焦急地嗅来嗅去，在每一个人的脚下都停留一会儿，但始终没有做出最后的决定。突然，它回头看了训导员一眼，根据训导员的眼神把一个不是小偷的人叼了出来。看到这一幕后，训导员和其他人都情不自禁地大笑起来。大黄不知所措，站在原地发呆。

后来，大黄整天无精打采地趴在那里，眼神也不明亮了，参加训练的时候也非常消极，总是出错。时间不长，大黄就退役了。

训导员也许是为了考验大黄，也许是在与它开玩笑，才会故意这样做。但他却忽略了这样做所带来的后果。大黄本来非常信任他，凡事都会听他的，可经过这件事以后，他就失去了大黄对他的信任。

只有得到别人的信任，才能让别人打开心扉，才能得到别人的支持。我们一定要做一个勇于承担的人，做一个靠得住的人，用自己的实际行动证明自己是值得信任的。

猜疑会让你越走越孤单

一个人丢失了斧头，怀疑是邻居的儿子偷的。起了这样的疑心之后，他观察邻居儿子的神态举止，无一不是偷斧的样子。于是，他断定，一定是邻居家的儿子偷了自己的斧头，并因此愤愤不平。

可是，不久之后，这个人在山谷里找到了斧头。回来之后，他再看那个邻居儿子，竟觉得他言谈举止都非常自然，一点都不像是一个小偷。

邻居的儿子的神态举止一直都没有变化，为什么丢斧头的人看了之后，会有不同的判断呢？这就是疑心在起作用，当他怀疑邻居家的儿子偷了斧头的时候，不管邻居儿子做什么，都会觉得是偷了斧头的表现；疑心解除了，不管邻居儿子做什么都成了自然的了。

人们说猜疑的人的时候，会用“疑心病”这个词。隐含的意思就是说，疑心是一种病，是一种不健康的心理。确实，猜疑无论是对人对己，都没有什么好处。一个人一旦掉进猜疑的陷阱，必定处处神经过敏，事事捕风捉影，难以安宁。另外，猜疑还会让别人觉得你难以交往，并因此远离你，进而损害你的人际关系。

在生活中，无端猜疑会导致朋友变成仇人，夫妻无法共同生活下去，亲人挥拳相向，情人感情破裂。

李强和王芳在别人撮合下成了一对情侣。在认识后的半年时间里，他们相处得一直很融洽。快到春节了，李强对王芳说，双方相处了这么久还没有见过彼此的父母，便提出利用假期时间与双方的父母见个面。

可是，王芳的工作非常繁忙，连过年都要在单位加班。于是，李强放假后就一个人回家了。李强回到家里后，每隔几个小时就会给王芳打电话，询问王芳在哪里，在做什么。王芳被弄得很不耐烦，她觉得李强似乎在监视自己。

在王芳的单位里，有一个四十多岁的老员工觉得王芳一个人在外面打拼很不容易，所以很关心王芳，尽可能地帮助王芳。当得知王芳的表弟没有工作时，这个老同事还帮王芳的表弟介绍了工作。在与李强相处时，王芳经常会提到这个同事。李强心胸狭窄，喜欢胡乱猜疑，所以总觉得那个人对王芳心怀不轨。过年那天晚上，王芳为了感谢那个老同事对自己的关照，特意做了几个拿手好菜，请同宿舍的女孩与老同事吃饭。吃过饭后，王芳与那个老同事去咖啡厅谈她表弟工作的事情。当时王芳的手机没电了，李强给她打电话没有联系上她，就打了她宿舍的电话。同宿舍的女孩儿知道李强有些小心眼儿，所以没有把实话告诉给李强，只说王芳去超市买东西了。

王芳在晚上十点多钟回到宿舍。得知李强打过电话后，她立即给李强回电话。李强问她去了哪里，王芳回答说，与那个老同事去咖啡厅谈事去了。李强听后立即火冒三丈，说了很多难听的话，还质问王芳是否知道错在了哪里。王芳也生气了，反问李强自己究竟错在了哪里。李强说，王芳第一不该在他不知情的情况下，请同事到家里吃饭；第二吃完饭不该出去喝咖啡；第三在咖啡厅不应该把手机关机；第四让同事编瞎话欺骗他。王芳耐心地解释，可是李强就是听不进去。王芳非常生气，她觉得与李强这种疑心太重的人生活在一起，自己根本不会幸福。

爱情是建立在信任基础之上的。处于热恋中的人，一旦对对方产生了猜疑，那么两个人的感情就会受到严重的削弱，他们的爱情也就很难继续维持下去了。

不仅是爱人之间，任何人之间都需要信任。信任是人与人之间最宝贵的品质，而猜疑是朋友之间最大的敌人。猜疑一个朋友，会让一个人失去更多的朋友。

猜疑不仅会令人失去朋友，还是害人害己的祸根。猜疑会让一个人神经过敏，对他人的一言一行产生过激的反应。

明朝开国皇帝朱元璋是一个疑心非常重的人，经常胡乱剖析或者错误地理解字词，并以此来判定下属是否忠诚。

有一次，朱元璋邀请一位和尚朋友进宫喝酒。这个和尚非常感激，他觉得朱元璋很重情义，当了皇帝之后还没有把自己这个旧相识忘掉。酒过三巡之后，这个和尚写了一首诗赞美朱元璋。诗写好后，他把诗交到朱元璋手中。和尚本以为自己写得不错，朱元璋看过一定会非常开心。朱元璋刚开始看的时候，连连点头，可是，脸色马上就变了，他一下子把诗扔到地上，下令把和尚处死。

和尚愣住了，在场的大臣们也一头雾水，但是大家都不敢忤逆朱元璋的意思，马上抓住了和尚。原来，朱元璋看到诗里有一句："金盘合苏来殊域"。这"殊"字，拆开之后为"歹"和"朱"。朱元璋认为，和尚这是在骂他，认为他是歹徒。和尚大呼冤枉，他根本没有冒犯朱元璋的意思，何况他也绝不敢攻击皇帝啊！但是，朱元璋完全不相信他的辩解，最终仍旧杀害了和尚。

君王如果多疑，臣子们就不敢多说话，不敢与君王亲近。这样的话，君王也就成了孤家寡人。平常人也是一样，如果你猜疑心重，终日疑神疑鬼，遇到事情便捕风捉影，往自己身上联系，别人就不愿意与你打交道。

现实中，喜欢猜疑的人特别注意留心外界和别人对自己的态度，别人脱口而出的一句话他很可能琢磨半天，努力发现其中的"潜台词"，这样便不能轻松自然地与人交往，久而久之不仅自己心情不好，也影响到人际关系。久而久之，就会与人隔阂，在人际交往中自筑鸿沟，严重时还有可能反目成仇。正因为如此，生性多疑的人做事很难成功。我们应该豁达一点，对身边的人多一点信任，这样的话，自己的内心就会更加宽广，朋友也会更多，我们做事的时候，也就能够获得更多的支持。

“投其所好”是良好关系的切入点

一个周末，街上多了许多青年男女。有几个青年男女伫立在街头，等待恋人的到来。街边有几个擦鞋的人，他们对着伫立在街头的几个青年男女叫喊着，希望他们前来光顾。

一个擦鞋的人说：“擦鞋啦，有谁需要擦鞋的吗？让我帮您擦擦皮鞋吧！我一定把您的鞋擦得亮亮的！”这个人说完这番话，几个小伙子往这边看了看，但是都没有过来。

这时候，另一个擦鞋的人喊道：“约会之前，先擦一下皮鞋吧！”这个人话音刚落，几个青年就向他走了过来，纷纷表示要擦鞋。

同样是在街头擦皮鞋，第一个擦鞋人之所以无法吸引顾客，只因为他的话传达的是“为擦鞋而擦鞋”之意，他没有考虑顾客深层次的需求，没有打动顾客的内心。第二个擦鞋人能够吸引顾客，只因为他的话传达的是“为约会而擦鞋”的温情。小伙子们为了约会，当然愿意使自己看上去更体面，这样的话，一下子就抓住了顾客的心，激发了顾客的潜在需求。

所以说，要想钓到鱼，就要从鱼的角度思考，给鱼以它们喜欢的诱饵。在谈判中，我们要想获得对手的认同，就要能够投其所好，给出令对方心动的价码，如果对方觉得我们能够令他们获利，我们也就掌握了开启对方心灵的金钥匙。

哈佛商学院的一个院士说："如果在和别人会谈之前，我对对方和自己都不能有一个明确的定位，不知道该给出什么样的诱人条件，那么我宁可在他的门外遛达上两个小时，也不想走进去。"在谈判中，如果你能对自己说："若是换作我，在那样的情况下会需要什么，会为什么样的价码动心呢？"这样一来，你也许会事半功倍。

孙巧巧是一家服装厂的推销员，她为了一单生意多次拜访市中心的一家服装店，但是这家店的老板一直不愿意代理她们厂的服装。

就在孙巧巧准备放弃的时候，她看到报纸上刊登着一则关于变更服装业税收管理办法的消息，孙巧巧突然想到了一个好办法，她买了一份报纸装在口袋里，然后又来到这家服装店。

见到服装店老板后，孙巧巧根据报纸上的消息向老板提了一些有利于帮助店家节省费用的建议，老板听了之后非常高兴，说："我还没注意到这则消息呢！按照你的方法，店里的开支确实可以减少很多，你真是个有心人！"

两个人又谈了很长时间，老板觉得孙巧巧不仅是一个很好的合作伙伴，也是一个能给自己很多有用建议的好朋友，因此，他很愿意和孙巧巧合作。

没有永远的朋友，也没有永远的敌人，只有永远的利益。当彼此利益一致时，双方很容易成为朋友；当双方利益冲突时，无论运用什么样的谈判技巧，双方照样是对手。有时候，即便你凭三寸不烂之舌和客户进行了深入的交流，也有可能依然无法消除客户心中的戒备或疑虑，可是一旦你拿出实实在在的物质利益，客户就有可能会与你合作。随着利益格局的变化，朋友和对手的角色也可能会发生转变。所以，谈判的时候，我们一定要从客户的角度出发，找到能够诱惑客户的条件。

王文旭是某进出口公司的业务经理。一次，他被公司派去美国，和当地的一家公司洽谈业务。当时，世界各国还没有从金融危机中走出来，经济普遍都不景气，这家公司自然也受到了很大的影响。

到了美国之后，王文旭稍作停留，当天下午就找到了对方的谈判代表进行讨论。可是事情的进展令人非常失望，讨论了半天，可是依然没有取得预期效果。对方代表为了增加企业效益，将这种商品的售价提高了百分之四，使整个订单的成本比以前高出了上百万美元。

见对方代表如此固执，王文旭缓缓说："这么多年以来，我们一直是合作伙伴，所以相互之间也算了解，如果条件允许，我们一定会接受贵方的要求，可是你们也知道如今的情况，就目前的成本价来说，我们实在无法接受，否则肯定会破产。在经济危机的大浪中，我们可以说是一条船上的人。作为一条船上的人，难道你们真的愿意看见我们破产吗？要知道，如果我们不好，你们也会跟着受影响；可如果我们好了，你们也会跟着好起来。"

对方代表听到这里，若有所思地迟疑了一阵。王文旭看到他们已经被说动了，就紧接着说："咱们已经合作了这么多年，彼此的利益都是相关的，其中的任何一方受到损失，对另一方都没有好处。现在，我知道贵公司也遇到了一些困难，急需资金渡过难关。如果贵公司能够将价格降低一些，我可以保证我们公司一次性全额付款，给予贵公司最大的支持。另外，我还会向公司领导建议，以后一直和贵公司保持合作。希望我们能够继续合作，共渡难关！"对方觉得王文旭分析得也有道理，频频点头。最终，对方代表出于自身长远利益的考虑，做了让步，将价格定在王文旭能够接受的范围之内。

对方代表为了获得更多的利益，原本是不打算妥协的，可是后来王文旭给出了令对方心动的条件，让对方意识到和他们保持合作是有利的，最终和对方达成了一致。

在商务谈判中，没有人会拒绝利益的。因此，我们一定要有针对性，给出令对方心动的条件，只有这样，才能够迅速打动对方，赢得谈判。

推己及人的“投射效应”

苏东坡和佛印和尚是好朋友，经常一起开玩笑、斗嘴。一天，苏东坡去拜访佛印，与佛印相对而坐。两人聊了一会儿之后，苏东坡对佛印开玩笑说：“你知道你在我眼里是什么样的吗？”佛印摇摇头，苏东坡说：“我看见你，就像是看见一堆狗屎。”佛印笑了笑，反问道：“你知道我看你的时候，像是看到什么吗？我看你是一尊金佛。”苏东坡哈哈大笑，觉得自己占了便宜。

回家以后，苏东坡得意地向苏小妹说了这件事。苏小妹听了之后说：“哥哥，这次你输了。”苏东坡很疑惑：“我在他眼里是一尊金佛，为什么说我输了呢？”苏小妹说：“佛家有言：‘佛心自现’，你看别人的时候看到了什么，就表示你自己的心里是什么。”

这里所谓的“佛心自现”，其实是一种心理效应的体现，那就是投射效应。在故事中，佛印就是利用这一点，回击了苏东坡。因为他既然觉得苏东坡是一尊金佛，说明他内心的品质投射出来的就是一尊金佛，而苏东坡内心的投射则是狗屎。

所谓投射效应，其实就是以己度人，投射效应其实是以自己的喜好和感受来看待别人，把自己的情绪、意志、特性投射到他人身上并强加于人的一种认知误区。投射效应主要分为三种表现形式：

第一种形式是相同投射，即认为他人跟自己一样，从而把对方进行了同化。比如说有的人非常单纯，他们会觉得外面世界中的所有人都是善良无害的，这样的认知会让他们毫不设防。还有的人过于复杂，与人交往的时候，会觉得所有的人都是城府太深，都不能成为真正的朋友。这两种看法都是错误的，每个人都是不同的，具体情况具体分析，不能按照自己的认知一概而论。

第二种形式是愿望投射。即把自己的主观愿望强加于对方，总是认为别人的感受和自己一样。有这样一个小故事，很能说明这个现象：

一个年轻爸爸，在秋末冬初的早晨带着自己的儿子去赶集。他们是走水路去的，爸爸摇橹，儿子坐在船头。爸爸摇了一会儿之后，出了一身汗，觉得衣服太厚了，就脱掉了棉衣。这个爸爸不仅脱了自己的棉衣，还脱了儿子的棉衣，一边脱还一边说："今天挺热的，不应该穿这么厚。"

然后，这个爸爸又开始摇橹了。又过了一会儿，他又觉得热，把自己的毛衣也脱了。脱了之后，他又要脱儿子的毛衣。儿子哭着说："爸爸，别脱了，我冷！"

这个爸爸的所作所为就是愿望投射导致的，他自己摇橹摇热了，就觉得儿子也会热。我们在生活和工作中，要避免这种认知误区，千万不要把自己的感受强加于别人。

第三种形式是情感投射。认为别人的好恶与自己相同，进而按照自己的思维方式，试图影响他人。这种认知误区非常常见，很多人喜欢某个明星或者某件事的时候，会滔滔不绝地讲给自己的朋友听，甚至会强迫自己的朋友也喜欢，这是不对的，容易遭到朋友们的抗拒。

刘磊喜欢上了一个女生，对其展开了热烈追逐。为了哄这个女生开心，他经常请女生吃饭。刘磊比较喜欢吃烤鱼，所以每次请这个女生吃饭，他都会点烤鱼。

开始时，这个女生为了顾全刘磊的面子，也和颜悦色陪他一起吃。可是后来，刘磊发现，每次他提到请这个女生吃饭的时候，对方都会以各种理由说不去，即使去了，也吃得很少，而且对他的态度也越来越冷淡。

刘磊觉得自己一定是做错了什么事，就找这个女生谈。谈了一会儿之后，这个女生说出了自己不喜欢跟他一起吃饭的原因："你喜欢吃烤鱼，每次都点，可是你不问问我喜欢不。其实我不喜欢吃烤鱼，我喜欢吃火锅。你从来不问我，只是点自己喜欢的。我觉得你并不是喜欢我，因为你从不为我考虑。我们还是不要在一起了。"女生的话让刘磊无话可说。

刘磊并不是不喜欢这个女生，但是他犯了投射效应的常识性错误，陷入了心理误区，最终没有得到这个女生的青睐。

大多数情况下，投射效应会影响我们对别人的判断，让我们的交际陷入困境。不过，投射效应也有一定的正面作用，比如，当我们想要帮助别人解决某个困难的时候，可以利用推己及人的方法，为别人找到有效的解决方案。

林丹开了一家情侣主题餐厅。他的餐厅装修得很好，饭菜也很好吃。可是，生意一直不温不火，这让他非常苦恼。

有一次，林丹跟自己的好朋友宋小凡一起吃饭的时候，提到了这个问题，宋小凡提议到林丹的餐厅看看。

当时是晚上八点，宋小凡到了林丹的餐厅之后发现，餐厅里面灯光很亮，各个角落都没有阴影。他联想到自己和女朋友一起吃饭的情景，心里大致有了谱。宋小凡说："我觉得应该是灯光的问题。情侣一起吃饭，很多时候是为了浪漫。如果灯光太亮，情调就没那么浪漫了。试试把灯光调暗一点呗！"

林丹觉得有道理，就重新更换了餐厅的照明设备，整体效果果然温馨了许多。半个月之后，餐厅的回头客多了起来，生意也慢慢好了。

投射效应其实就是推己及人的心理。这种心理有两面性，我们一定要注意，要多利用同理心为别人考虑，而不要盲目地把自己的感受强加于别人身上。善解人意，了解别人的内心，却又不让别人觉得压抑，才能让自己变为受欢迎的人。

最美好的敞开，是爱情

事业上的成功是人生价值的实现，是个人才华的尽情施展。与之相对，爱情上的成功则是获得心上人的青睐，过上美满幸福的生活。人与人之间要想建立深厚的感情，最重要的是心与心之间的沟通，互相敞开心灵，互相温暖，这一点在爱情中表现得最为充分，也最为特殊。

怎样打动心爱的女人，怎样获得属于自己的爱情，这无疑是很多男性关心的内容。女性同样也面对类似的问题。爱情需要真心付出，这一点没有人会怀疑。但在现实生活中，有不少人会纠结于这样一个问题，那就是怎样打破僵局，敞开自己的内心却不尴尬——对方很想知道我的想法，我也很想说，但我该怎样说呢？沟通问题一旦牵扯到男女之情，不知为什么就一下子变得复杂了起来。该怎么办才好呢？

要想打动一个人的心，先要了解对方需要的是什么。女人渴望男性的赞赏和肯定，渴望浪漫，渴望惊喜，很多女性还有一些虚荣心。男性要想获得女性的青睐，就应该迎合女性的这种种心理。

首先，是在合适的时候赞美她们。爱美之心人皆有之，女性对美向来有着一种最直接的追求和渴望，没有哪个女子不希望自己看起来更漂亮，或者听到别人说自己漂亮。作为一个追求异性的男子，与“丑陋”相关的字眼最好从你的大脑词库中消失，没有任何女性希望听到任何人关于她“外貌丑陋”之类的评价，无论是以一种多么委婉含蓄的方式。因此，不要随意拿女性的容貌开玩笑，这会让你的吸引力大打折扣。

其次，要敢于表露自己的情感。在塞万提斯的《堂吉诃德》里，作者曾借助主人公之口，说过这样一段经典的话语：露骨的求爱，在女人看来未必不是一件愉快的事情，而且，无论这个女人显得多么冷淡，甚至直接说你这样做简直讨厌得要死，你的话语和行动也会在她的心底留下难以抹去的痕迹，而她也会对你产生爱惜之情。事实的确如此，一个敢于表达爱意的男子，即使不是女子心目中的白马王子，往往也会在女孩心中营造一种干练果决的印象，而这些无疑会替你的形象加分。

当然了，直接表露心迹的做法不一定总是管用，有时候要学会给对方以浪漫的表白，或者意想不到的惊喜。让我们先来看看当年的马克思是怎样俘获燕妮芳心的：

马克思在年轻的时候，与燕妮彼此爱慕，但他们谁也没有表白过。一天，马克思找到燕妮，郑重地对他说：“我已经喜欢上了一个人，并决定向她求婚。”燕妮一下子就怔住了，她不知道该说些什么，但犹豫了一会儿，她还是强作镇定地问：“我想知道，那个幸福的女孩子是谁，能告诉我吗？”马克思平静地从衣服兜里掏出一个小盒子，交给燕妮，“当然可以，她的照片就在里面。不过，你要答应我，在我离开后再揭晓这个秘密。”燕妮点点头。终于等到马克思离开燕妮的家，燕妮迫不及待地打开了那个精致的小盒子。可是，里面放的不是照片，而是一枚小镜子，现在镜子里映照的，正是燕妮的脸庞。直到这时，燕妮才恍然大悟，原来马克思难以启口的意中人正是自己，幸福的眼泪一下子就涌出了她的眼眶。

马克思或许并不善于言辞，但他却通过一个巧妙的游戏，给了燕妮一个浪漫而惊喜的表白，结果成功地俘获了燕妮的芳心。在追求爱人的道路上，类似马克思这种“小技巧”其实是非常奏效的，获取女人芳心的一个绝佳途径，便是给予她们爱的惊喜，那种突然而至的幸福和浪漫，很容易打消她们对你的顾虑，让她们死心塌地地爱上你。

另外，要让女性感受到你的体贴和关注。女人的心思难猜，但是女人偏偏就喜欢让男人猜测自己的心。女性天性心思缜密，言辞含蓄委婉，她们的很多话语，其实都有“画外音”。要想打动女性，你就必须学会聆听这些话中话。有一个笑话是这样讲的：有一对坠入爱河的情侣，在一个下雪的夜晚出门散步。他们走了一段时间，来到一个寂静的路口，女孩渐渐停下了脚步，含情默默地看着男孩说：“我好冷呀。”于是，男孩毫不犹豫地回答说：“那我们回去吧。”女孩的话显然没有“好冷”那么简单，但男孩的话倒真得让女孩的心冷了。

听懂女性的话中话，关键要细心，特别是那些乍听起来就有些“莫名其妙”的话语，一定要多想一想听声调，辨语义，看表情。说到底，这是在考验你的智慧和思维灵敏度，一个善于感知周围事物，善于发现潜在信心的男人，无疑更令女性青睐和信赖。

总之，男性要想赢得心爱女人的青睐，一定要从对方的角度思考，明白她们想要什么，投其所好，主动赢得属于自己的幸福，成为生活中的赢家。

| 第十二章 |

亲密关系的把控

——既要亲近，又要保持距离

至关重要的“第一印象”

与人相处时，第一印象十分重要，这是因为首因效应的存在。首因效应也就是第一印象效应。心理学研究发现，两个人第一次见面，会在几十秒里形成一个印象。具体到几十秒钟之内，最初的 4 秒钟给对方留下的印象是最深刻的，对一个人百分之七十以上的判断和评价都会在这 4 秒钟内形成。

第一印象形成的时间非常短，但是影响非常大，持续时间也很长，不管对方对你的第一印象是不是正确，都会在很长时间内影响他对你的判断。

在生活和工作当中，如果我们不注意形象，给人的第一印象不好，很长时间内都会难以挽回这种不良的影响。可见留给别人的第一印象太差最容易与好人缘失之交臂。特别是在比较正式的场合与人接触的时候，初次见面要表现得谦卑有礼，这样别人才会有可能给予你肯定和支持。

由于人在几秒钟内最直观的接收信息的方式就是视觉印象，因此第一印象主要是关于一些外部特征。这样的做法看似“以貌取人”，实际上是有道理的。一般情况下，一个人的体态、相貌、打扮等都在一定程度上反映出这个人的内在素养和生活习惯。

一次，林肯的一位朋友向他推荐一个阁员。林肯看了这个人之后，摇摇头说："他看上去实在是太丑了，我不愿意用这样的人。"

林肯的朋友非常疑惑，他说："总统阁下为什么要以貌取人呢？他的容貌是天生的，难道他应该为自己的容貌负责吗？"

林肯回答："是的，一个人过了四十岁，就应该为自己的容貌负责。"

林肯的做法是有道理的，每个人都应该学会展示自己最好的一面，气质、精神、打扮等这些因素是能够修饰容貌的，如果一个人无法做到这一点，无法给人留下好的印象，确实是他自己的责任。

当然，给别人留下良好的第一印象不能只看外表，礼仪和修养才是留下好印象的有利法宝。

一次，黄爱菊在公交车上看到一位老太太上了公交车，车上没有多余的座位，她正准备让座，坐她前面的一个女孩站了起来，礼貌地让了座。这个举动让黄爱菊对她心生好感，这时候，女孩津津有味地吃着手里拿的玉米。眼看她的玉米快吃完了，在边上的黄爱菊思考着："直接扔出窗外？不会，这孩子看起来不像那种不懂事的人。悄悄放在座位下？这也太不好了。装进包里等下车后再扔进垃圾箱？可那个小包，也就能装个手机。"黄爱菊私下里替她想了许多解决方法，都不可行。

终于，玉米吃完了，女孩不时地四处张望，黄爱菊猜测她正在想自己所想的问题。当发现没有可丢的地方后，女孩并没有手足无措，而是很自然地打开包包，拿出了一个塑料袋，然后把那个仅剩几个玉米粒的玉米装了进去。一边的黄爱菊不禁在心中暗暗佩服她聪明的言行，开始打心眼里喜欢这姑娘。

第二天，黄爱菊上班之后面试一批新员工。她惊奇地发现昨天看到的女孩也在其中，等到那个女孩开始面试之后，黄爱菊跟她聊了很大一会儿，当场表示乐意招聘她到公司入职。

黄爱菊眼中的这位女孩，是一个文明有礼的女孩。如果能够把这种文明和礼貌自觉用到工作和办事中去，有时候甚至比美貌还能吸引人，让更多的人来帮你办事。

当然了，“首因效应”并不完全可靠，有时候还可能出现很大的差错，我们在与人交际的时候不应该只通过第一印象就给人下定义。但是，对于我们自己来说，一定要注重形象，争取给别人留下更好的印象，为进一步的接触打好基础。

“相似感”会快速拉近双方距离

苏联著名心理学家维利曾提出这样一个理论，那就是我们与人的交往中，如果让对方知道我们的态度和价值观有相似之处，就会使对方感觉到亲切，对方就更愿意与我们亲近，这样一来，我们就能够很快地缩小与对方的心理距离。

这个原理就是心理学中著名的“名片效应”，之所以叫名片效应，是指交际的一方有意识、有目的地向对方表明的态度和观点，就像是给出一张名片一样，把自己介绍给对方。

由于这样一种心理现象的存在，我们在与人交往的时候，就要学会给出自己的“心理名片”，对对方喜欢的事情表露兴趣，以最快的速度消除对方的心理障碍，拉近与对方的心理距离。

孙宇是一名刚毕业的大学生，在一家保险公司卖保险。一天，他去回访客户王经理，向王经理大致介绍了自己要推销的险种。不过，由于保险行业的专业术语艰涩难懂，所以王经理在听的过程中心不在焉。

孙宇意识到了王经理听得很乏味，心里很不是滋味，为了打开话题，就抬起头四处看了看，只见王经理背后的书柜里放着一排金融投资方面的书，顿时眼前一亮，找到了问题的突破口。孙宇对王经理说："王总，我看您的书柜里放着很多金融投资方面的书，我想您对金融投资一定有深入的研究和独到的见解。我正好遇到了一个金融投资方面的难题，想向您请教一下，还请您不吝赐教！"

王经理刚才还很无聊的样子，现在听到孙宇要向他请教金融投资方面的问题，一下子来了精神，先解答了孙宇提出的难题，又和孙宇聊起了基金、股票、黄金、外汇、期货、理财产品等。两个人就这样聊着，甚至于就忘记了时间，可是依然意犹未尽。这时，王经理突然问孙宇："你销售的那个保险其实也是一种理财方式，有优点，不过缺点也很明显。"

孙宇连忙向王经理做了简洁的介绍。王经理听了，对于孙宇的见解非常认同，他也提了很多问题，孙宇一一作了回答。两个人聊了快一小时，聊得非常开心。接下来几天，两人又聊了几次，王经理被孙宇的真诚打动，买了他最新推荐的保险产品。

孙宇在回访客户的时候，一开始并没有考虑客户的兴趣，而是直接生硬地讲述自己的保险，效果非常不好。不过他及时调整了自己的策略，先借助于客户之间的相似之处，拉近与客户之间的关系，很快就激发了客户的热情，心理距离消除了，再谈生意就容易得多了。

奥地利心理学家阿尔弗雷德·阿德勒说："一个不关心别人，对别人不感兴趣的人，他的生活必然会遭受重大的阻碍和困难，同时也会给别人带来极大的损害和困扰。”一个总在关注别人、对别人表示兴趣的人，必定能左右逢源，游刃有余。反过来，一个只关注自己的人，则很难受到别人的欢迎。

确实，会交际的人善于运用“名片效应”，能够在交际中投其所好，博得别人的好感。学过历史或者看过古装电视剧的人对和珅应该都不陌生。和珅是清朝乾隆年间的政治家、商人，是中国历史上最有名的权臣之一。在他为官的二十多年中，一直深得乾隆皇帝的宠信。他靠着这层“庇护”，肆意贪污、敛财，他所拥有的黄金、白银连同其他的珍贵宝物加起来，几乎相当于清朝政府十五年财政收入的总和。

和珅之所以能在长时间里得到当朝皇帝的极度信任和喜爱，很大一部分原因是，他常常能够迎合皇上的爱好，让皇上觉得自己与他爱好相似，性格相似。

乾隆皇帝喜欢诗词歌赋，和珅虽然是一个满族人，但是他为了迎合皇上的爱好，在这方面下了很大功夫。他把乾隆皇帝所作的诗词都收集起来，从运用的典故、诗歌的风格甚至是喜好的词句等，都进行了研究。因此，乾隆皇帝吟诗作对时，他很容易就能根据皇上的喜好，进行唱和。乾隆皇帝喜欢谈论文史，想要表现得什么都知道，和珅为了满足乾隆帝这种虚荣心，在编纂二十四史时，故意在明显的地方写几个错字，好让乾隆帝指出来，以表现天子的英明和博学。

乾隆皇帝的母亲去世时，乾隆帝十分悲痛，满朝的文武官员都劝皇上要节哀，象征性地说了一些安慰的话。但是和珅与他们的表现大为不同。他没有说那些无关痛痒的话，而是默默地陪着乾隆帝跪在灵前，悲伤流泪，皇上没有胃口，他也不吃饭。几天下来，自己也跟皇上一样，十分憔悴。

乾隆皇帝十分喜欢黄金，和珅就想出了一个收敛黄金的好办法，他建议乾隆帝修建一座万佛楼，这样，朝中的王公大臣和文武百官都纷纷向皇上进献金佛。乾隆帝则大为高兴。

的确，人们普遍愿意谈论自己感兴趣的话题，也普遍喜欢和志同道合的人相处。因此，拉近你和他人之间距离的一个简单而有效的办法就是找到对方感兴趣的事物，让对方觉得和你有共同语言，和你很投缘，这样一来，你们心灵的距离就会拉近。

一个真正聪明的人，必然是懂得迎合别人的人，这不是卑躬屈膝，奉承讨好，而是一种礼貌，一种智慧。但是我们在迎合别人时一定要掌握相应的技巧，要做到自然而然，而非刻意为之，否则很容易弄巧成拙。

那么，怎样寻找别人感兴趣的话题呢？要做到这一点其实并不难，毕竟和我们交流的人都和我们存在着某种关系，能够了解到他们的兴趣爱好。我们既可以通过留意对方与其他人的谈话来了解他，也可以通过其他人的介绍来了解对方。只要我们在生活和工作中时刻注意做个有心人，就能寻找到目标人物的资料，针对对方的兴趣爱好寻找话题，就更容易拉近心理距离，获得对方认可。

我们无论是在生活中还是在工作中，都需要与人交往，需要认识各种各样的朋友。因此，我们要学会利用“名片效应”，博得别人的好感，让别人愿意与我们相处，愿意成为我们的朋友。

人人都想被赞美

人类性情中，最强烈的渴望之一就是受到他人的赞美和肯定。有时候，简单的一句赞美，就可以给人以积极向上的力量，就能够让你获得别人的好感，拉近双方的距离。心理学家赫洛克曾做过这样一个实验：

他找来一群测试者，将他们分成 4 个小组，这 4 个小组分别完成同样的工作任务，在完成任务的同时，赫洛克给他们不同的刺激。第一组为赞美组，每次工作后，赫洛克会给他们鼓励和表扬；第二组为批评组，每次工作后，赫洛克会对存在的问题进行严厉的批评；第三组为被忽视组，每次工作后，赫洛克只是让他们看着其他两组人员接受批评或称赞，但是对他们没有任何评价；最后一组是对照组，这一组与前三组隔离，他们完全不知道实验过程中有什么状况发生。

实验结果显示，赞美组的工作效率最高，然后是批评组，接下来是被忽视组，最后则是对照组。实验结果表明：受到评价的人，工作效率会有所提高，相对于被批评来说，被赞美的情况下，工作效率能够有最大的提升。

与这个实验类似，还有心理学家们做过这样一个实验：心理学家用一种叫作“测力器”的电子仪器测量受试者的疲劳程度。最后发现，当一名疲劳的受试者在受到赞美和鼓励时，测力器则显示其体力立刻得到了加强；而当受试者受到批评和指责时，他的体力就会急剧下降。

由此可见，赞美对于人的正面作用，当一个人被赞美的时候，心里就会有一种被肯定的喜悦，产生一种向上的动力。

屠格涅夫是俄国著名的作家。屠格涅夫非常喜欢打猎，有一次，他在打猎时无意间拾到一本杂志，这本杂志的名字叫作《现代人》。出于好奇，屠格涅夫翻了几页，哪知道，这个知名作家被其中一篇题为《童年》的小说所深深打动了。看完这篇小说之后，屠格涅夫发现作者竟是个不知名的人。屠格涅夫非常想向作者表达自己的赞赏，于是，他四处打听作者的住处。最终，他得知作者是跟随其姑妈一起生活的，经过一番询问，屠格涅夫终于找到了作者姑妈家里。当时，那个年轻作者不在家，屠格涅夫就向他的姑妈表明了身份，并由衷表达了自己对于这个年轻人的喜爱。

年轻作者的姑妈没想到自己侄儿的作品居然得到了大作家屠格涅夫的欣赏，她很快写信告知自己的侄儿：“你的小说《童年》引起了很大的轰动，大作家屠格涅夫说你写的很好，他逢人就称赞你，还说你前途无量！”

她的侄子收到信之后，也非常兴奋，这是多么令人欣喜的赞赏啊！他写作的时候，并没有想到自己能够有什么样的前途，只是打发内心的苦闷而已。现在不同了，大作家屠格涅夫看重自己，认为自己写下去会有一番作为！这样的赞赏令他迸发出了自信和热情，他的创作冲动一发不可收拾。最终，这个年轻人成为一颗无比耀眼的文坛巨匠，他就是大文豪列夫·托尔斯泰。

每个人都希望别人能肯定自己，都希望得到赞美，所以赞美会给人以力量。我们在生活和工作中，要学会赞美自己的伙伴，赞美自己的下属，帮他们加油打气，这样的话，我们周围的人才能更加优秀，才能营造一个亲密无间、其乐融融的氛围。在这样的环境下，我们自己也更容易发挥，变得更加优秀。

适当地赞美自己身边的人，不仅能消除他们的疲劳和倦怠感，还能让他们对我们产生好感，促进人际关系的和谐。

20世纪20年代，美国心理学家乔治·克兰在一所夜校给学生讲授应用心理学课程。这些学生大多来自百货公司、工厂、公交公司，他们都是普通行业的上班族。

有一天，乔治给一部分学生们布置了一个奇怪的作业——赞美。在接下来一个月的每一天中，学生们需要真诚地向三个不同的人表示赞美——这作为及格的标准，赞美的人越多分数越高。

一个月后，克兰要求学员将这次经历写成一篇心理学报告，内容必须包含观察到的人们的变化以及自己生活态度的改变。

结果发现，能够真诚地赞美别人的同学，交际状态明显好过那些没有参与这个实践的同学。

由此可见赞美对于人际关系的促进作用。生活和工作中，有智慧的人拥有欣赏的眼光，善于发现美，善于欣赏他人。对别人的赞美是一种赏识和鼓励，对自己的赞美则是一种良好的心理良药。

我国著名教育家陶行知看到一个学生用泥块砸同学，他怒不可遏，训斥了那个学生，并责令他放学后到校长室找自己。

放学后，那名学生怯生生来到了校长室门口，他觉得，等待自己的一定是非常严厉的批评。可是，陶行知并没有责骂他，而是和蔼地笑了笑，掏出一块糖给他，说：“这是给你的奖励，因为你按时到了这里。”那名学生惊呆了，他没想到自己居然受到了奖励。可是，接下来发生的事情让他更加惊讶，因为校长又掏出一块糖递给他：“这也是奖给你的，因为你很听我的话，当我不让你再打人时，你就立即住手了。”

这时候，陶行知又给了他第三块糖：“我问过你的同学们了，你之所以用泥块砸那些男生，是因为他们欺负女生。你能这么做，说明你很善良，很勇敢。”

这时候，这名学生感动地哭了，他说：“陶校长你骂我吧！我错了，我不该用泥块砸自己的同学！”

陶行知点了点头，笑着说：“你认识到了自己的错误，这也值得我奖励你。”说着，他掏出第四块糖放在这个学生手里，“知错能改就好，我的糖发完了，我们的谈话刚好也结束了，很高兴和你谈话！”

陶行知一直在奖励这个学生，可是，这个学生却深刻认识到了自己的错误，想必他也会真心改过，这样的教育方式，比批评更有效果。

真诚的赞美包含着关注与肯定，是发自内心的欣赏。如果我们能够真诚赞美别人，他们不仅会受到我们的鼓励，变得更好，还会发自内心地和我们亲近，成为我们的朋友。

残酷的“刺猬法则”

冬天，刺猬独处的时候会感到寒冷，因此，它们会抱在一起取暖。不过，刺猬浑身是刺，如果它们靠得太近，很可能会伤到彼此。于是，它们不断地靠近或者远离，寻找最合适的距离，保证既能够感受彼此身体的热量，又不会相互伤到。

这个故事说的就是交际心理学中的“刺猬法则”。

现实生活中，人与人之间相处的时候，就像刺猬一样，距离远了会感到冷寂，距离近了则可能会伤到彼此。不同的是，刺猬之所以伤到彼此，是因为它们身上的尖刺，而人之所以会伤到彼此，是因为心理上的空间需求。

每个人都有自己的心理“空间”，如果别人靠太近，心理的安全感就会受到威胁。因此，我们与人交往时，要注意保持一个合适的距离，既要注重心灵上的贴近，又要保持一定的距离，以礼相待，这样才能形成良性的人际关系。

一个心理学家曾做过这样一个实验：一天早上，他走进一个图书馆阅览室里，当时阅览室只有很少几个人，大部分桌子空着。心理学家没有去空桌子旁边读书，而是径直走到了一个人的对面。心理学家坐下之后，这个人很快就站起来，换到了别的位置。心理学家一共进行了很多次类似的实验，得到的结果大致相同：当一个地方有很多位置可选的时候，大多数人不喜欢有人坐在离自己近的位置。

由此可以看出，人不仅需要与别人交往，还有空间需求。确实，我们经常说“距离产生美”。职场交际、友情交际、商务交际中，距离都很重要。适当的距离不仅产生美，也是使双方具有安全感的重要因素。与人打交道，要根据关系的不同、交情的深浅，与对方保持适当的距离。

李雅芳是会计专业毕业，凭借自己过硬的专业素质，她如愿以偿地进了一家进出口贸易公司。李雅芳不仅谦虚好学，手脚勤快，而且非常有眼色，很快就赢得了主管的好感。主管对她格外照顾，经常对她的工作进行指导，公司有什么好事，主管也都常常想着她。李雅芳为了表示感激，经常主动跑腿帮主管办一些无关紧要的琐事。而且两人居住的地方恰巧离得不远，下班后主管就常让李雅芳搭个便车。渐渐地，两人的关系就超出了普通的上司与下属的关系。

有一次公司任务比较繁忙，完工后上司让李雅芳跟同事们先走，他自己还有一点儿工作要处理。李雅芳在公司附近的快餐店吃过晚饭，忽然想起主管一直在加班，还没有吃晚饭，就买了一份饭给主管送去。主管的房门虚掩着，她没敲门就直接闯了进去，结果看见主管的爱人已经在里面了，而且主管的爱人已经给主管带了便饭。

李雅芳进门的时候，主管的爱人正搂着主管的脖子不知道说些什么。李雅芳的突然出现让屋里的两个人非常惊讶，特别是主管的爱人，微微带着怒气。

这原本只是个小小的误会，但是这一幕又刚好被两个值班的同事看见。大家当时都没说什么，但是都觉得有点尴尬。后来李雅芳总觉得自己在面对主管和女同事时有点尴尬。李雅芳发现，女同事刻意躲着她，主管对她客客气气的，下班后也不邀请她搭便车了。

有一天，公司里忽然传出主管跟那个李雅芳关系暧昧的消息，还说原配都发现了。其实大多数人都知道这是谣言，但还是抱着开玩笑的态度传播。没多久，沸沸扬扬的消息让主管受不了了。刚好，公司在西部地区成立办事处，李雅芳就被调到了那个谁也不愿去的地方了。

李雅芳错就错在和主管走得太近了，最后让同事们起了误会，也让主管感到了不安。现实生活和工作中，很多人在交际的时候拿捏不好分寸，在与人交往的时候，不是太过于冷淡就是太过于热情。冷淡会使两个人越来越陌生，而过于热情则给人一种压迫感，让人难以接受。生活中，很多人的朋友逐渐“流失”就是因为某一方或者双方把距离逐渐疏远了，最后失去了交情。而很多时候，两个关系不错的人闹翻，都是因为距离太近造成了一些误解或者厌烦。比如说有的恋人会在毫无征兆的情况下提出分手，理由是：“你对我太关心太热情了，事事俱到，我觉得压力很大，不轻松。”又如有的人和同事或者新认识的朋友聊天，滔滔不绝，什么秘密都跟对方说，并且肆无忌惮地谈论对方的事情，这会让对方觉得这个人不值得信任。

那么，我们平时在与人交往的时候应该保持什么样的距离呢？人类学家爱德华·霍尔博士将人际交往划分为四大类型并引出四种距离定义：

第一，比较亲密的距离。亲密距离的范围在0~40厘米之内，一般来说，只有关系亲密的两个人之间才会保持这样的距离，比如亲人、恋人、好朋友。这种距离范围，双方基本上是不设防的。

第二，礼仪距离。从45~120厘米，这是人际交往中稍有分寸感的距离，适用于普通朋友、同事之间的相处。也就是对方是认识的人，但又不是很亲密。如果与素昧平生的人保持这种距离，就会构成对别人的侵犯。

第三，社交距离。这个范围为1.2~3.6米，是一种社交性或礼节上的关系距离，一般在工作环境和社交聚会上，如企业或国家领导人之间的谈判，工作招聘时的面谈等，人们都保持这种程度的距离。

第四，公众距离。范围在 3 米开外。一般适用于演讲者与听众、彼此极为生硬的交谈及非正式的场合。

这种距离分类虽然是按照物理距离划分的，但是也能够体现出我们与人交往的时候应该保持的心理底线。比如说亲人恋人之间，可以分享的事情就比较多，心理距离更近。同事或者客户，最好保持礼仪距离，工作之外的事情少谈。陌生人就更要保持安全距离，不威胁到对方的心理空间。

总之，人与人交往的时候，必须考虑到对方的心理防线，不能随意突破。既要学会和别人友好交往，又要保持合适的距离，不让彼此之间陷入尴尬境地。

无论远与近，都能滋养心灵

人是具有社会性的，如果脱离了社会，不与其他人交往，我们的心理就无法保持健康和活力。人与人之间只有相互交往，才可以在彼此的大脑、心灵之间产生极强的相互感应。这种感应能对我们产生强烈的刺激作用，从而支撑我们的精神世界，让我们的心灵获得滋养，让我们获得更多的美好品质和美好情感。

一个人如果善于与人交际，他的内心会更加充实，他的精神世界也会随着与社会交往而更加强大。我们与他人进行越深层次的思想及道德交流，我们所获得的力量也就越大；即使是浅层次的交往，也可以使我们开阔眼界，见识别样的人生。而不与他人交往的人则会变得脆弱。

除了心灵上的滋养之外，与人交往也具有非常现实的意义。四大名著之一的《红楼梦》里有一副对联，写的是：“世事洞明皆学问，人情练达即文章。”将人情世故与学问相提并论，突出了人缘和世理的重要性。而现实中，许多有学问有能力的人往往懂得“事理”却不懂“世理”，不知道人间世故的复杂性，不明白人缘在现实竞争中的作用，结果常常是到处碰壁，空怀一身本领得不到施展。

要知道，人的价值只有在社会中才能体现出来，人通过交流才能慢慢展示出自己优良的品质。我们可以通过言行来影响、改变周围人的生活，这正是人类的伟大之处。我们无论是生存还是生活都离不开群体的支撑。我们的生活之所以能够充实丰盛、多姿多彩，正是得益于人与其他社会成员之间的紧密联系。

金莹是一个办公室白领，由于刚进公司，她与同事们的交流并不多。看到同事们一起聊天说笑的时候，她非常想加入，但是由于她跟大家不熟悉，很难融入其中。为此，金莹非常苦恼，觉得自己很孤单。

有一次，几个同事在午饭时间谈论一个著名的男影星，有好几个女孩都表示非常崇拜，但就是无缘近距离看他表演。金莹也喜欢这个明星，所以她当时就记住了，原来自己有这么多志趣相投的同事。

一个偶然的机会，金莹的一个朋友参与组织这个影星的电影发布会，问金莹要不要为工作人员特别提供的观众席位，金莹听到后，马上为自己的几个同事预订了。同事们知道后非常开心，特地请金莹一起吃饭。

一来二去，金莹和这几个同事熟悉了，大家一起吃饭，平时一起聊天。金莹慢慢变得干劲儿也足了，业绩非常突出。

每个人在工作中或者生活圈内，都应该有几个朋友，只有这样，我们才能不孤单。心理上有了好伙伴，平时生活和工作才能有更多乐趣，才会有更大的热情。我们只有通过与形形色色的人打交道才能获取成长所需的各种心灵养分，我们在心理上和物质上都属于杂食动物。如果把孩子限制在狭窄的生活圈子中，他们的能力会逐渐退化直至成为生活上的失意者。

人脱离群体，就如同远行的大雁失去了同伴，虽然仍旧能够飞翔，但是力量会很快枯竭，因为内心的孤单会耗去我们太多的心力。

生活和工作中，结交具有优良品质之人比赚钱更重要，因为这样做可以显

著提升我们的能力，开发出我们自身的优良品质。在伟大的思想家马克思创立政治经济学时，他贫困得连养活自己都十分困难，这时恩格斯慷慨解囊，帮助他摆脱经济上的困境，也给了他心理上的安慰。正是在这样的支持下，马克思才能够完成他伟大的著作。

朋友是我们心灵的加油站，人际好，我们的力量源就更多。确实，我们体内的精神力量只有当我们身处群体中时才能发挥出来，并且这种力量并不是单个力量的简单相加。著名作家吉普林曾说："狼只有在狼群中才具有力量。"人也是如此，只有在群体中才能发挥出自己的力量，才能越来越成熟，越来越强大。